中国历代家风家训大全

中国历代治家典范及传世家训

赵文彤◎编著

- 文王之母太任惠及万世的胎教良方
- 文圣孔子的教子主张
- 刘向对儿子刘歆的关键忠告

中国華僑出版社

图书在版编目（CIP）数据

中国历代家风家训大全 / 赵文彤编著. —北京：中国华侨出版社，2017.4

ISBN 978-7-5113-6747-1

Ⅰ.①中… Ⅱ.①赵… Ⅲ.①家庭道德—中国 Ⅳ.①B823.1

中国版本图书馆 CIP 数据核字（2017）第 067550 号

● **中国历代家风家训大全**

编　　著 / 赵文彤
责任编辑 / 安　吉
责任校对 / 王京燕
装帧设计 / 环球互动
经　　销 / 新华书店
开　　本 / 710 毫米×1000 毫米 1/16　印张 /18　　字数 /223 千字
印　　刷 / 香河利华文化发展有限公司
版　　次 / 2017 年 6 月第 1 版　2017 年 6 月第 1 次印刷
书　　号 / ISBN 978-7-5113-6747-1
定　　价 / 38.00 元

中国华侨出版社　北京市朝阳区静安里 26 号通成达大厦 3 层　邮编：100028
法律顾问：陈鹰律师事务所　　编辑部：（010）64443056　　64443979
发行部：（010）64443051　　传　真：（010）64439708
网　址：www.oveaschin.com　　E-mail：oveaschin@sina.com

前言

作为世界上历史最为悠久的国家，中国也有着世界上传承最悠久的家族，比如孔氏家族，至今传承已有两千五百多年的历史了。在这样的国家中蕴育出的家族，必定是文化深厚、德行敦厚，也必定是有“家风家训”的。“家风家训”是一个家族代代相传尚袭下来的体现家族成员精神风貌、道德品质、审美格调和整体气质的文化风格。“家风家训”的形成，往往是一个家族之链上某一个人物出类拔萃深孚众望而为家族其他成员所宗仰追慕，其懿行嘉言便成为家风之源，再经过家族子孙代代接力式的恪守祖训，流风余韵，代代不绝，就形成了一个家族鲜明的道德风貌和审美风范。

“家风家训”对家族的绵延繁荣至关重要，没有淳厚的“家风家训”，很难使一个家族瓜瓞不绝，更无法使一个家族不分崩离析。唯有有认同感的家族才有强大的凝聚力，唯有有核心价值观的家族才能在时代文化潮流不断冲击下延绵不绝。

《大学》有语：“欲治其国者，先齐其家；欲齐其家者，先修其身。”说的是“修身”是一个人齐家、治国的根本，而一个人最初的“修身”之道皆源于“家教”。中华民族曾经创造过世界民族中罕见的奇迹：那就是整体的教养气质，都是彬彬有礼温柔敦厚的，国民的行为举止，也是有理有据规矩方圆的。这是“教化”之功，而“家风家训”，在“教化”之中，居功至伟。可以说，“家风家训”不仅是个人修身之要，更是促进整个社会不断和谐的根本。

有鉴于此，为帮助大家更好地了解中国古今家训、学习为人处世之道、通晓治家治业之则，更为了弘扬传统文化，我们特别编著了这本《中国历代家风家训大全》。本书收录中国古今历朝历代近90位名人的教子之论，其中帝王将相、文士大儒不一而足，更择取其中近于当世生活的内容，根据其训言主旨，分为为人、处世、学习、修身、做事、治家、生活、为官、帝王九类，以通俗简要的文字对每条训言进行评述，并在每位名人的家训之后，收录与之相关的家训故事，力求让每位读者在阅读文字的同时，更为直观地目睹每位名人的精神风貌，不仅通过文字内容来增加自己的为人处事常识，更借助榜样的力量来激励自己在生活中追求仁善、追求真美。本书体例科学合理，内容新颖别致，故事意味深长，可读性极强，是一本当今世人不容错过的立身处世、治家教子指南。

目录

为人之道

学习之方

为官之重

治家之规

生活之虑

帝王之德

为人之道

姚信：人生起伏尽在善与不善之间

古人行善者：非名之务，非人之为；心自甘之，以为己度；阨易不亏，始终如一；进合神契，退同人道。故神明佑之，众人尊之，而声名自显，荣禄自至，其势然也。

——姚信《诫子》

姚信是三国魏晋时期人，史书上对其记载极其有限，就连生卒年也不甚详尽。从史料记载来看，姚信与东吴名将陆逊、名臣陆绩等人有血缘之亲，陆逊为其舅父，陆绩则是其堂外祖父。姚信曾经是孙权太子孙和的属官，由于太子被废而受到牵连，直至孙和之子孙皓即位，才将姚信再次召回，并授予太常卿一职。姚信主要致力于《三坟》、《八索》等古籍的研习，并著有《周易注》一书。由于研习的都是上古贤君的为政善道和易理玄说，姚信的家训《诫子》也是围绕“善”字来阐述，并且明显受到了《周易》中“积善之家必有余庆，积不善之家必有余殃”这一理念的影响。

◎发自内心方是真善。在日常生活中，帮助别人往往是举手之劳，但在举手之劳的行动背后，内心的出发点又是为何，对于世人来说却是不尽相同。有的人是出于本能的反应而释出善意，事后自己也浑然不觉；有的人在事后才意识到自己的行为是善举；有的人是为了表现自己的爱心，赢取别人认可而行善；更有的人是为了挟恩图报、利用他人才做出伪善的举动。这四种情况高下有别，只有第一种是最值得追求的。只有将行善彻底地融入自己的生活处世，才能实现德行日进而不为虚名所欺。

◎因言废善便是小人。当行善之举是为了别人的夸赞时，人就理所当然会因他人言辞不能称心而心生失意、不满甚至愤怒等负面情绪，因此失去行善的动力。这一类人即使行善，所在意的也不是善行的正当与否和受助之人的利益安危，而是在于自己的虚假名誉，可以说是小人心态。行善并非全然是一件容易之事，往往也会有需要忍辱负重去达成的时候，如果不能发自内心、不能坚持到底，而是以小人的心态别有图谋、浅尝辄止，不但善行功亏一篑，善德更是会因此而受到损害。

◎陷害善人最是不善。当自己的行善意图不能顺遂的时候，小人往往既因自己的目的不能达成而愤怒，又眼红于他人真善行为受到的褒奖而恼羞，为此不但不反躬自省，反而对他人心生嫉恨与敌视，为此暗中妨害他人，这完全是对自己人生没有任何好处的自误之举。这种卑劣的做法伤害到的不仅是别人，更是对自己品德的败坏与践踏，是自陷于万劫不复之沉沦的至愚至恶行径。如果能够效仿善人，摈弃自己的行善异心，即使是微小的善行也能给自己带来极大的宽慰，相比害人所招致的恶果孰更值得选取不是一目了然的事情吗？

【姚信家训故事·贵贱由善】

善则匹夫之子可至王公，不善则王公之子反为凡庶

“积善之家必有余庆，积不善之家必有余殃”，这是一句带有非常明显的

明清劝善文风格的古训，但其真正的来历却出自被誉为“万经之首、大道之源”的《周易》一书。由此可见古人很早就对行善与行恶的后果有着明确的认识，姚信曾为《周易》作注，其思想观点也深受这一理念的影响。

在《诫子》一文中姚信从古往今来的史实出发，告诫儿子：人一出生时的地位虽然有高有低，但却不是固定不变，后天的贵贱往往都是由人自己的行为决定的。只要能够依循善道，诚心诚意地学习、交友、处事，即使一开始身份卑微也会有显贵如王公的一天；如果为人不善，偏行恶道，即使是地位高贵的王公之子也会败坏门庭、身名受辱，沦为卑贱之人。

邵雍：知善便是吉人，不善必有凶殃

凶也者，语言诡谲，动止阴险，好利饰非，贪淫乐祸，疾良善如雠隙，犯刑宪如饮食，小则殒身灭性，大则覆宗绝嗣。或曰不谓之凶人，则吾不信也。

——邵雍《戒子孙文》

邵雍是北宋时期的著名理学家，与程颢、程颐、周敦颐、张载并称为“北宋五子”，在儒学、文学、易学等方面皆做出了不凡的成就。邵雍年少时便羡慕古圣贤的学问，并在多年刻苦学习之后效仿古人四处游历增长见识，最后感到已经得道，于是返回家乡，又跟从共城县令李之才学习理学，很快就贯通了天地自然的大道规律，因而被世人认为已经达到了孔夫子所说的不惑境界。迁居洛阳之后，邵雍虽然贫穷却从来不为此烦忧，更多次拒绝出仕，一心致力于为他人讲学、解惑，一片仁德甚至感化了整个洛阳的风气。除了著名的《皇极经世》这一易学著作外，邵雍还写过一篇名为《戒子孙文》的家训，为儿子讲述为人吉凶的选择之道。

◎善言教导要听。《道经》之中曾对上士、中士、下士的区别有过描述，上品、中品、下品之人的区别也大致与之相同。下品的人，即使告诉他何为正确的道理与做法，他也会对此不屑一顾，甚至还要故意违逆，犯下不可饶恕的恶行。这种无耻的做法多是源自内心的无知，要想摆脱无知，就必须对善良的教导保持尊重与谦卑，诚心地对自己的言行做出反思。如果对善言心存贬抑排斥，就自然而然会与邪道相应，这样一来，灾祸便也不远了。这就是善为吉，不善为凶的道理所在。

◎不义之财莫动。圣人将不义的富贵视作浮云，这还是源自其内心的浩然正气不灭；对于常人而言，不义之财不仅该被视为浮云，更该被视作陷坑。即使自己再为困顿、再有苦衷，也应该通过正当的手段寻求解决之道，这才是从根本上改变处境的办法。如果因一时急迫就越过底线，就无疑是打开了自己的心防。一旦踏出了第一步，心中就会产生细微的理所当然想法，对自己的行为产生认可与接受，常人堕入恶道的开始往往就在这里。比起一时困顿，一生一世清白才更为重要。

◎远避大恶大非。君子不立危墙之下，这是出于对自身爱惜的仁德，但要想真正做好这一点，就不仅仅是避开危险环境这么简单。有的环境即使安逸，但周围人的所作所为却都是不合仁义善德的陋行，身处这样的环境虽然没有生命安危之患，却有损德害心之虞。古人云：久入鲍鱼之肆不闻其臭，则与之化矣。说的就是担心人由于自身意志的软弱而受到不良环境风气的影响，久而久之沾染恶习，最终沦为好利贪淫、言诡行恶的不善之人。“积不善之家必有余秧”，如果自负于自己的心性而接近邪恶，最终只会遭到反噬。

◎行善不可知足。人能行善是内心仁德的体现，但最佳的体现莫过于永远保持这份行善的心意。真正的行善是发自内心的，这就意味着行善已经完全融入了一个人的生活日常。世间多有需要关怀之人，多有需要出手之事，即使穷尽个人一生也远远不能行尽善事，如果稍微对人有所助益便得意扬扬以此自居，又怎能称得上是真正的善道？满足于已行之善，某种意义上也等同满足于已有之德，德行一旦停止精进，在社会现实的冲击下就难免会出现倒退。行善之路永无尽头，即使是一身湮灭，仍然会有后来者继承弘扬。

【邵雍家训故事·善行必为】

见善必为，力尽而止

邵雍虽然是一位饱学贤士，但一生都不愿为官，因此生活十分贫困，迁居洛阳后更是住在茅草屋里，幸亏他的朋友司马光等人捐资相助，这才使他安居下来。从此之后邵雍便以读书交友、教学躬耕为乐。

邵雍直到45岁时才有了儿子，老来得子的他非但不宠溺孩子，反而对他时时刻刻加以严格教导。邵雍信奉修善的道理，于是写了很多诗教育儿子要努力行善。在《诫子吟》中他写道，“善恶无佗在所存，小人君子此中分”，告诉儿子要做行善的君子；在《教子吟》中又说，“该通始谓才中秀，杰出方名席上珍”，告诫儿子为人不可自满，要努力提高自己的德行，做一个出类拔萃之人。

贾昌明：为人首重在于厚德端正

官位丢失尚可失而复得，德行丧失则终身难复。

——贾昌明《诫子孙》

贾昌明，字子明，是北宋时期的一位大臣，生卒记载不详。贾昌明曾经先后担任过知县、礼部郎中等职位，后来又升任龙图阁直学士、参知政事等职。贾昌明于宋仁宗嘉祐元年被赐封为徐国公，等到英宗即位后又改封为魏国公，可说爵位殊荣。贾昌明在 62 岁那年，有感于自己年老体衰，又担心子孙们因自己身居高位而轻慢放纵，于是写了《诫子孙》一文，从自身经历感悟出发，告诫子孙如何应对修身、处世和治家的道理。贾昌明对于子孙的德行教育尤为重视，其家训中更是多次提到了德行的可贵。

◎国事不可妄议。都说“天下兴亡，匹夫有责”，但天下的兴亡对于每一个国民来讲不仅仅是责任，更是攸关自身安危的大事，即使不是出于责任而是为自身考虑，国民也有发表意见、参政议政的政治权利。但又正因国事事关重大，所以更要在基于客观理性认识的基础上去评价、议论，而不能随意发表不负责任的言论。更有一批人出于自己的极端情绪或是其他用心，以语言这种不见血的杀人刀作为蛊惑群众、煽动社会动乱的工具，这种做法其实是把自己内心的负面情绪扩散到整个社会的不负责做法。

◎厚道才能成事。造就成功的前提很多，处世为人厚道也是其中的关键心态之一。虽然世人都说老实人容易吃亏，但同时又有“吃亏是福”一语流传，这两句话看似对老实人的态度矛盾，但其实又是一脉相承的。

君子可欺之以方，为人厚道确实会受到欺瞒，但又由于这份厚道，所以能够在吃亏之后继续坚持自己的志向，同时又能够冷静地反思，从而避免再次吃亏，更赢得他人的尊重，为成功获取更大的助益。反倒是心思不善的人一旦受挫，就会恼羞成怒放弃坚持，这样一来自然是一事无成。

◎不以喜恶偏人。世间万象都有对立，常人又非是包容天下的圣贤，有了朋友也便会有雠寇，即使没有不共戴天的敌人，也难免会有自己看不惯或者不能赞同认可的一类人，这也是一种对立的体现。趋喜远恶虽然是人心的常态，但有的时候，自己所厌恶排斥的人往往比自己身边的人观点更加合理正确，如果逞一时好恶而因人废言，对自己反而是一种损失。世间万物莫不包容于天地之间，人既生在天地之间，自然也应该效仿天地的胸怀，抛开喜恶之观正视社会上的每一个人。

◎君子居家正派。上善若水，取的是水随处在流变而能不失本质的深意，其中也有一动一静的道理，但在社会上摸爬滚打久了的老油条，却往往只是体会到了水之动而没有领会到水之静。面对他人他事，大部分人都能做到彬彬有礼、行为正派，赢得他人的称赞，但回到家中之后面对自己的妻儿双亲又或是私事的时候，其中一部分人却又完全变了个样子。要么蛮横无理、不加体恤，要么是鸡鸣狗盗、行为不检，沦为伪君子、两面派一流。这种人即使在外面声誉再好，也不过是失德之人。

◎有能不怕寡言。立身的根基在于自己的实际能力而非虚言，因此才说有了能力就不需担心自己是否口齿伶俐、能言善辩。世间虽然有很多不善言辞的人，但能保持淡定心态的却趋于少数，大部分人面对自己的这一缺陷心中都会有几分焦虑，更因此强迫自己去表达，但结果反而可能更不如意。一件事情的成功说到底是做出来而非说出来，如果实际行动能够表明自己的能力，言辞往往就不是那么重要了。当然，个性开朗、能言善辩也是人的一项加分技能，不能完全忽视，只要抱持着平和的心态，尽自己努力去做就好。

◎家丑不必外扬。人在失意之时常常需要倾听他人安慰，家人本来是很好的选择，但如果事情本就因家人而起，再向家人提起显然就是尴尬的选择了。但如果向朋友去倾诉，家人的形象又会在外人心中动摇甚至崩毁，对于家人而言，这一做法显然也不合时宜。尤其是家门中许多是非，虽然闹心却又不堪记、不堪提，让外人得知更是使全家沦为笑柄，这就完全是自取其辱的做法了。当然，如果是遇到一些涉及自身重大利益甚至是生命安危的家中纷争，就一定要争取外界力量的援助，这也是需要人仔细分辨灵活变通的。

【贾昌明家训故事·亲重于利】

因利害情便是儒学罪人

关于贾昌明的生平，史料中记载很少，但他的《诫子孙》一文却被收录其中，成为后世之人以文一观其人风貌的途径。贾昌明在《诫子孙》中处处以君子、读书人的本分要求子孙，再参考其平生履历，也可粗略窥见其人秉性厚德。

富贵之家的破败常常是起于利益纠葛，终于彼此反目，贾昌明身为国公，封爵已极，对此自然更有一番担心。也正是因此，他明确地告诉子孙，但凡是那些在家庭内部有了矛盾却在外大肆宣扬、互相攻击、败坏家门名声的人，即使口中喊得再大义凛然，心里说到底还是那些蝇营狗苟的利益小算盘，上不得台面。这种不肖子孙不仅是家门的不幸，同时也是儒学的罪人，最该遭到众人的唾弃。

杨荣：为人本分即是以人为本

我训既谆谆，尔宜深省记。兹虽浅近言，实为远大记。斯须颠沛间，弥当加警励。勿作沐猴冠，勿为面墙立。见贤思齐焉，高山维仰止。临深而履薄，慎终而慎始。成家而贻后，庶几两无愧。

——杨荣《训子篇》

杨荣是明朝初年著名的政治家、文学家，曾与同一时期的杨士奇、杨溥先后担任明庭的内阁首辅一职，又俱为明时“台阁体”诗文的代表人物，因此被世人称为“三杨”。杨荣于建文帝二年入朝为官，后来深得成祖朱棣的赏识，因此一路升迁直至担任首辅。朱棣驾崩之后，杨荣又帮助太子朱高炽登基，后又随宣宗朱瞻基平定叛乱，更在英宗皇帝即位后辅佐数年直至病逝，是一位五代重臣元老。杨荣为人聪敏善断，任何国家疑难大事只要经过他手，必然能够迅速裁定，因此即使同为“三杨”之一的杨士奇也十分佩服杨荣。在儿子 20 岁那年，杨荣写下了《训子篇》这一长诗，作为对儿子日后立身处世的教导指南。

◎凡事以人为本。以人为本不仅对于统治者、对于处理关系他人之事十分重要，对于平常的百姓、对于自身而言也同样关键。以人为本除了尊重人身这一含义以外，更有另一重深刻含义，即是不忘人的本分。人的本分即是人道，是人基于有别于禽兽的内心良善仁德而树立的思想观念，以及社会全体成员将各自观念彼此表达最终构建起来的统一共识，道德、法律也可说属于这一范畴。以人为本对于自身而言，就是要牢记自己的人生责任与义务，有所为也有所不为，这样才能无愧于人的尊贵。

◎远游不忘故土。为了追求自己的梦想和更好的生活，大多数人都不得不远离生养自己的故土，漂泊他乡为异客，如果遇上时局的变乱动荡，可能终其一生都很难再返回故土。但无论人生定居何地，乡土都是一个人的根，是一个人心底的一份柔情所在。故土往往与人情相羁绊，遗忘故土看似只是忘记了一个环境，实际上是丢失了一份最为可贵的情感。遗忘故土、抛弃感情，即使在异乡成就再大，也无法填补人生最不该的空缺。日本剑圣宫本武藏曾以“在乡土不忘乱世，居乱世不忘乡土”为训民之言，也可见故土真情之贵。

◎尽孝要靠自身。尽孝本是人子当为之事，但世间却有许多不肖子孙不知跪乳反哺之义，还有的人工作繁忙无暇顾及，便在自己条件所及的范围内以他人代劳作为折中之举。这一做法较之前者虽然可嘉，但仍有诸多不妥。对于父母而言，含辛茹苦养育数十载的子女绝非外人能可替代，基于金钱报酬的照顾与子女的亲自侍奉也绝然不可相提并论。何况将养育自己一生的父母托于外人，不仅情感难以填补，甚至还有人身安危的顾虑。近来保姆虐待、毒杀老人的新闻报道甚多，这些足以引起部分以事业为重的子女的思量。

◎面部表情要善。与人交往之时，外在表征给他人的第一印象尤其重要，如果外在印象不佳，即使内心合于正道也会令人心生疏离、排斥。这说到底是要求人的态度要和美。有的人由于自身的性格问题，在为人处世时虽然秉持着正确的观念，所做的也是符合公义的事情，但表现在脸上的神情却属令人反感厌弃的一类，这样即使言辞正确也只能使人更加不满。相由心生，表情态度的不善其实也隐藏着自己心态上的偏颇，因此，在对面部表情做出调整的同时，其实也是对内心偏差的纠正。

◎优势不可自恃。想要在社会中更好地生活，就必须要有自己的依仗与独特的优势，否则大部分人都只能泯然于众人。一个人的优势与依仗大致不过两类，有形的物质条件底蕴与无形的学识技艺能力。但不论是哪一种优势都无法与时代的进步相抗衡，如果自恃自己的优势，就必然会因骄傲自满而停滞不前。如果以物质财富为恃，等到物质条件消耗殆尽之时便无可依靠；如果以自身已有学识技艺为恃，等到知识扩展、技艺更替之时自己也会失去依靠。世间万物都处在流变之中，唯有自己的不断精进才是唯一的依靠。

◎辨事结合两面。凡事一体两面，像子路、杨荣这般没有全盘了解就能够做到“片言折狱”的毕竟只是少数人，杨荣自己遇事虽然能够一问便辨，但显然并没有因此自得，所以才告诫儿子千万要正反结合，全面客观地去分析、看待一件事物。尤其是人自身主观的影响往往也特别强烈，如果疏忽整体全局，就必然因自己的一时喜恶而与事实大相径庭。不论是身为常人还是为官之人，自己的行止都在一定程度上影响他人，如果放纵个人情感而不知，难免有失足之憾。

◎恶行众目必见。关于不欺暗室一事，历史上还有一位姓杨的名人对此留有世人耳熟能详的“四知”故事，这位名士便是杨震，据说杨荣正是其后裔。不论血脉是否真的连绵，两人的道义于此事确是一脉相承。很多人并非不畏法令而为恶，而是盲目自信能够瞒天过海而放纵了自己的邪念，但古往今来，那些手法精妙、布局细微的为恶之辈最终都难免落入法网，那些仅仅仗着一点小聪明就管不住自己手脚的笨拙匪徒又是何其的愚鲁呢？众目视线所及，即使隐藏得再好也会有蛛丝马迹败露自己。

【杨荣家训故事·种树换粮】

至今大富山，万木尚阴翳

历来富贵之家多有行不义之事者，富而乐善、贵而好施的人就总是显得特别耀眼。杨荣的祖父杨达卿就是这样一位乐善好施而又仁慈深邃的长者，他的子孙之所以能够成就一番事业，与他的教育不无关系。

有一年杨达卿所居的乡里发生了霜冻灾害，乡民辛苦播种的谷物也遭受了大灾。杨达卿为此心中忧虑，于是宣称自己打算在乡中的大富山上为祖坟植树，乡民每植一株就可以换取一斗粮食。乡民得知后纷纷行动，很快就把树种满了大富山。在兑换粮食的时候，乡民们只需自报种植数目就可兑粮，杨达卿更在每年正月都宴请全乡，请求大家不要随意砍伐。

不只如此，杨达卿还规定子孙后人只有在需要兴建学堂、修墙铺路、为穷人做棺木的时候才可以砍伐树木，除此之外必须要精心照顾树林。他的子孙后人也没有辜负他的训导，在他们的精心照顾下，大富山著名的重点自然保护区万木林景区就这样形成了。

陈廷敬：行以善为道，心以善为渊

争乃祸之端，让为福之源。谦逊非怯弱，德行使亦然。

——陈廷敬

陈廷敬是清顺治年间的进士出身，曾经是康熙皇帝幼时的老师。康熙即位之后，他又先后担任工、刑、吏、户四部尚书和大学士等官职，同时还是《康熙字典》的总编修。康熙皇帝在位 61 年，而陈廷敬则在朝为官 53 年，辅佐康熙长逾半个世纪，可说是一代重臣。陈廷敬为官期间于整治吏治、改革钱币等事项上颇多建树，同时又是一位博学的文人，其主持编修的《康熙字典》更是后世研究汉字的主要参考文献之一。由于曾经担任帝师，陈廷敬对于帝王德行的教育尤为看重，在对其子女的教育中，也是以仁善为本：

◎磨砺心境以求智。智慧是人类进步的指路明灯，也是人与其他动物的根本区别所在。但智慧并不是人天生就能够自然得到，而是需要人自己去寻找、探求。想要拥有智慧就要以勤学为基础，但很多人会惑于名利与享乐的放纵而对学习一事心存不屑与排斥。陈廷敬身为一代老臣，又是帝王之师，对康熙这位千古一帝的成长影响深远，这份用心投注在子女教育上就更显得具有说服力。要想拥有智慧就必须经历很多心灵的磨炼，只有抵制了外在的诱惑，摈弃了内心的杂思，让心灵更加质朴，才能接近智慧之源。

◎言出必行以践诺。信诺一事历来为人所注重，“一诺千金”之说便是榜样。言出自觉能行才是上上之道，如果需要动用契约方能应现自己的允诺就显得下乘了。仁德君子以重诺作为基本的修养，话一说出口就断然无法更改。此外，陈廷敬的这一诫言还有更深层的意思。常人说话一时兴起，难免会口无遮拦，因此而说出一些荒唐怪诞的吹嘘之词。如果被有心人以此为把柄，就有可能会造成难以预料的缺失。之所以告诫子孙言出必行，也是变相地要他们懂得谨言慎行，以免沦为夸夸其谈之辈。

◎态度温良以戒戾。“无明业火三千丈，一念焚尽琉璃身”。与人相处难免会遇到令自己不快的事情，一旦处在气头上人往往会因愤怒而失去理智，做出事后追悔莫及的偏激举动。尤其是处在人心浮躁的社会，戾气往往因些许莫名其妙的小事就会触发，因此引发为巨大的事故。古人之所以强调修养德行，出发点不仅仅是济天下困溺这一宏愿，更多的是使自己的行为能够合于理性，能够以此来避免逾矩，保全自己的身名。遇到与自己相抵触的事情时更该心念温良，不说伤人之话，不为失智之举。

◎宽宏体谅以容下。人的学识程度与道德素质有高有低，这是由人的天资心性和客观环境等因素多方作用所导致的，并不能一味归结于人的不善。即使自己知识渊博、品行端正，也不能因此而生出分别心，对不如自己的人心生不屑、言行贬斥，甚至刁难其人。何况闻道虽有先后，通达却不可定论，今日不如自己的人也许明日就会长风破浪直济沧海。对于与自己有差距的人，应该从他们的不足之处来观照自己，并保持宽宏之心对他们予以指点和帮助，一起进步。这样才是仁善处世的方式。

◎恒心不灭以成事。立志不易，成功更难。古往今来想要做成一件大事的人，不仅需要付出巨大的心力、耗费许久的时间，更有的还要承受诸多的苦难。缺乏毅力与韧性的俗人往往都会在这些苦难面前败下阵来，空令他人扼腕叹息。人生的成败不仅仅体现在最终的结果上，更体现在态度一事上。任何事情，只要付出汗水坚持到最后，就一定会有一个结果，这个结果不论是否如己心愿，都可以视为自己人生的成功。因为表面的结果渺茫就放弃了坚持的人，在放弃的这一刻就已经失败了。

◎勇志常在以济世。世局变幻起伏，即使是圣贤也会生在昏昧之世而陷入困顿，但这却并不妨碍其成圣致贤，这就是志向所在，虽世道不靖亦不能动摇其分毫的大勇所在。正道倾颓虽然不是一人之力可以挽救，但如果畏缩不前也就不可称之为豪杰大丈夫。不论世人如何看待，周身环境如何凶险，只要秉持着天地浩然的一腔正气，就足以撑持自己的七尺之躯去坦然承受。因此不论何时都不能忘记心存勇志，以仁礼之义来匡扶天下正道。如此勇气才是真正的大勇。

【陈廷敬家训故事·治家清廉】

更得一言牢记取，养心寡欲是良规

陈廷敬虽然贵为帝师，深受康熙皇帝倚重，但他为官不改清廉本色，广受称誉。时人曾经给他起了个外号叫作“半饱居士”，由此可见其清名。

陈廷敬不仅对自己严格要求，对于家族内的其他为官者也特别重视。他曾告诫自己的儿子“更得一言牢记取，养心寡欲是良规”，为人要静心寡欲、淡泊自守。他的次子异乡为官数载而政绩颇著，陈廷敬也为此高兴地写下了“敝裘羸马霜天路，赖汝清名到处传”作为鼓励。他的胞弟陈廷弼为官之时被他人检举揭发犯有贪污罪行，陈廷敬听说之后不但没有弄权包庇，反而写诗告诫家族中的子弟一定要引以为戒。

郑燮：摒弃世俗之恶，写作也须从善

不奋苦而求速效，只落得少日浮夸，老来窘隘而已。

——郑燮

郑燮，字克柔，号板桥，也即是清朝时期“扬州八怪”之一的郑板桥。郑板桥先于康熙年间中秀才，又于雍正年间中举人，后于乾隆年间考中进士，先后担任山东范县、潍县县令，为政恩泽一方，直至后来为民请命触怒高官，这才弃官而去。辞官之后的郑板桥客居扬州一带，以卖画为生，其诗书画更有“三绝”之称，他生平唯好画兰竹石三物，为世人留下了诸多作品。郑板桥教子的故事世人皆知，但他不仅教子有方，在写给自己兄弟的《家书十六通》中也为弟弟留下了诸多为人处世的教诲：

◎行善不留痕迹。行善助人是值得夸赞、效仿的行为，但对于行善一事却要保持内心的淡泊。一事为善尚且容易，但要一生为善却十分难得。常人行善之后难免心中以此自居颇有得意，如果为他人所知也必然会受到他人的追捧称颂，如此一来就会使自己的内心迷失。因此行善之举最好低调，就连被救助者也不知情方是最好的做法。之所以如此也是为了使自己的善举不受外界声名所累，自己的内心也能时时刻刻保持谦卑。至于行善之后唯恐人不知的心态就更落下乘，应当为人所忌。

◎凡事推己及人。世间人人虽不同，但对于社会、人事都有一些起码的共识，共同的爱憎，因此在为人处世之时要想到自己的举动给他人所带来的后果是否也是自己所愿意接受和承受的，如果自己内心也不甘愿，就该对自己的选择有所思考。如果能够立身于仁义之本，考虑他人的利害，即使自己的行为并不能给自己带来更多的利益，也仍然不会妨害自己。反倒是不顾他人情感的一意孤行，即使行为没有触犯刑律，没有违背道德，也会使自己遭受他人的嫉恨。有鉴于此，对于涉及他人之事就应该多加一番思量。

◎得志不忘乡邻。人生穷通之事难以预料，不论贫富都应该不忘与乡邻之间的和睦友爱。古往今来有许多得志小人，贫困落魄之时对于乡邻尚能和和气气，一旦腾达就改换面孔倨傲不恭，对他人不屑一顾，甚至对于曾有恩于自己的乡邻也视若无睹，甚至还要反过来加以欺诈，可说是恩将仇报卑劣至极。平日里乡邻相处，即使偶有细小不快，但更多的却是彼此之间的照应互助，这也是人情纯朴之中流露出来的可贵。漠视这一份情感也可说是对人心良善的践踏亵渎，绝非贤人君子所为。

◎不与世俗同流。世道起伏不定，人心也有险恶之时，处在局势动荡的社会里，人即使是为了自保身家有时也必须对奸恶妥协，与世俗同流。但真正的有志之士、有德之士却绝对不会认可。义之所在高于一切，即使身陷牢狱名遭诋毁，对于大是大非的问题仍然要分得清明、站得端正。如果困于一时形势而昧着良心，不仅仅是损害自己的德行，对于后世子女也会造成负面的影响。不同流合污即使一时一人陷于危难，却可把最可贵的东西传达于子孙、传达于后世千年万载而不磨灭，这才是贤德的做法。

◎写作不可学偏。喜好诗文本是应该值得鼓励的人间风雅事，因喜读诗文而后自行写诗制文就更是值得夸赞。但诗文风格、内容、立意皆有高下之辨，舞文弄墨之时于此也当有所明辨、选择。写作的立意高低决定了作品的内容好坏，为文之时应当取其上者。在郑板桥看来，写文一事不仅是对文字的梳理，其中更是对自己的观念、人品与风度的雕琢。古往今来有许多附庸风雅的所谓“文士”，不知雕琢推敲而胡乱下笔，所作不过是些赏灯宴客的纸醉金迷之句、寻花问柳的淫词艳曲之章，其为人鄙陋由文可见，创作之时切不可效仿此类。

◎读书应当溯源。圣贤著述微言大义，常人即使追慕圣德也往往为书中的字句言辞所困惑，难以对圣贤典籍做完整的翻阅、详尽的了解。幸而后世总不乏天资聪颖之人，不仅通读圣贤经典，更能按照自己所思加以注解、评述，使得常人也能够借此一窥圣贤门庭。但正道也有正法、相法、末法的流转之变，经历了诸多岁月之后，后人的注解也会因自身所处时代和个人观念而有所偏向，不能保证完全符合圣贤初衷。因此郑板桥告诫自己的弟弟读书应该避免为后人观念所左右，直溯本源即使艰难，也可受用无穷。

◎教子谨记忠厚。父母爱子必然不能无视教育，教育之中也饱含着父母对子女的期望。诸多父母所思不同，富贵、幸福、安稳不一而足，但郑板桥最期望的则是孩子为人忠厚。孩子天性简单纯朴，但也因这一缘故对于善恶没有充分认知，在日常生活中的一些细微之处往往显出恶性。小孩顽皮，对于蚁虫一类小生命往往不加爱怜，为了自己的欢乐而将其或抓或害，虽是无心之举，但却会在无形中助长孩子的冷漠、残忍心性，使孩子日后成人也会心念不正。爱子应当有道，即使玩乐嬉戏也要佑护培养其忠厚仁爱之心。

◎笔墨不忘民间。古往今来的文人墨客为世人留下了诸多传世佳作，诗词歌赋文章不一而足，也引得后人读之拍案、赏之称绝，兴致一高便追慕其风采，为更后之人留下佳话，如此代代相承，可说文坛兴盛。但诸人的创作内容都不一样，其中也有高下之别。在为官恩泽一方的郑板桥看来，那些游山赏水、风花雪月的作品虽然也好，但都是沉溺于个人之事，比起心怀天下的一类诗文还是有所不足。笔墨之间不忘天下兴亡，其实也是要求创作之人内心不忘民生多艰，可说是立意仁德。

【郑燮家训故事·体谅他人】

去浇存厚，虽有恶风水，必变为善地

古人迷信风水，死后下葬也希望能埋葬在风水宝地，泽及后世子孙。郑板桥的父亲曾看中一块宝地，偏偏其中有一座无主的孤坟，郑板桥之父不愿做出挖人祖坟的事情，虽然不舍但也只能放弃。

郑板桥比他的父亲更为仁厚，在知道这件事后，担心这块地一旦被别人买去，到时候孤坟仍然不保，于是写信告知自己的弟弟由自己来买下这块地，逝世之后就葬在孤坟之侧，并由子孙后人将孤坟一并保护。在他看来，只要立心于善，即使风水不佳之地也会为仁德所沐，化为良善之地。

林则徐：为人立身不正，诸事无益于己

苟利国家生死以，岂因祸福避趋之。有容乃大千秋几？无欲则刚百世师。比武守疆驱虎豹，论文说理寓诗词。为官首要心身正，盖世功勋有口碑。

——林则徐《赴戍登程口占示家人》

林则徐是清道光时期的大臣，虽然身处封建时代，但由于他本人的好学加上当时中国所面临的国际环境，使得他对学习西方先进文化抱持着巨大的热情，成为当时难得一见的开明有识之士。他在为官期间组织翻译国外书刊、兴修水利、安定陕西、防卫新疆，为清廷立下诸多功劳，更因“虎门销烟”的壮举而大快人心，被誉为“民族英雄”。此外，他亦是一位伟大的爱国诗人，一句“苟利国家生死以，岂因祸福趋避之”被后世诸多仁人志士奉为座右铭。不仅如此，他也为自己的子孙后人留下了发人深省的家训。据说林则徐自幼学佛，他的“十无益家训”就是在多年做人、为官、学佛感悟的基础上总结而成。

◎父母不孝，奉神无益。人无父母则不生，一个人今生所受的恩情没有能够超越父母所给予的。如果连亲生父母都不孝顺，对神灵再毕恭毕敬又有何用？生而为人却连含辛茹苦养育自己的父母都不能做到尽心尽孝，对神灵的谦卑又能有几分发自内心的虔诚？神灵又岂会相信这样的人？世间之人多为功名、利禄四处求神拜佛，却罕有珍惜周身之人，可谓信神而忘人。林则徐虽然从小学佛，但却能够保持理性的思维，避免踏入误区，并结合自己的人生感悟提出“为人不孝则鬼神不亲”，不愧为一代开明读书人。

◎兄弟不和，交友无益。林则徐在“十无益”中绝口不提忠君之论，而是以孝悌为先，并非是他为人臣而不忠，而是他更加强调子女要先从基础做起。此生能为一家兄弟，可谓非常缘分，何况兄弟血缘之亲浓甚于水，更是从小自大同处一个屋檐、同受父母养育之恩。拥有这样的缘分却还不能做到珍惜，连自己的兄弟都不能做到亲爱有加，这样的人怎么会有人接纳？由于兄弟之间往往存在年龄上的不同与思维的差异，这时候同龄朋友比亲兄弟往来更加密切的现象也属正常，但无论如何，亲兄弟之间最起码都要做到和睦相处。

◎存心不善，风水无益。古人迷信风水，是希望借助其达成自己的心愿。但是，古往今来，迷信风水者何可计数，其中却也不乏结局惨淡之人。究其原因，不外乎张扬跋扈、骄奢淫逸、违法乱纪所致。一个人恶行太多，阴德太损，即使风水再好也难于化解凶戾，难免祸及子孙。为人处世当以自身为本，不可依赖风水之类。纪晓岚曾通过《阅微草堂笔记》的故事昭明世人：为人正直，身怀浩然之气，即使遇见鬼神也无所畏惧，鬼神亦不能妨害其身。这与林则徐的存心不善则风水无益一正一反，互相补充，说的都是要以立心于善为本。

◎行止不端，读书无益。自古至今人们都将读书视为人生第一之事，但林则徐比起强调读书入仕飞黄腾达的世人，更注重人之本身，而非外在。德才之辩古已有之，司马光在《资治通鉴》里就提出“德胜才谓之君子，才胜德谓之小人”的观点。今人对此进一步发挥，补充了“有才无德即为毒品”一句，虽然戏谑，但对照当今社会发生的多起知名大学投毒案，我们不得不承认毒品之论已然成为现实。如果行止不端，即使读书再好做官再大，也于社会国家之事无益。

◎心高气傲，博学无益。学海无涯，很多人即使穷极一生，所学也十分有限，精研各门学说的人并不为多。何况即使是精研学问之士，在浩瀚的学识汪洋之中又能泛舟行程几何呢？人一旦心生骄矜之念，思维就不免偏颇，纵然精于学问也难免误判形势，违逆潮流，也就无法将所学运用贯通，错失良机。林则徐本身自幼好学，精于诗书，更令人敬佩的是他处于闭关锁国的晚清却没有让自己的双眼与思维受到蒙蔽，并且成为呼吁提倡学习西方的“开眼看世界第一人”。从他身上体现出的知识分子所该具有的谦逊品质，更显得弥足珍贵。

◎做事乖张，聪明无益。乖张即为偏执之意。清朝历代奉行闭关锁国的政策，乾隆帝当政时期朝廷上下对于英国出使来访的使臣马嘎尔尼一众趾高气扬、自言天朝地大物博万物皆备、尽显天朝上国之威风，可曾想到不过传位两世之后，中国的大门就被西方列强的坚船大炮轰然打碎？林则徐身处中国遭受列强环伺的凶险时代，眼见中华蒙受列强践踏而朝廷所谓“饱学之士”却对此依然麻木不仁，对于偏执自大于国于家于人之患感触尤深。身为“开眼看世界第一人”，林则徐给子女传下“做事乖张，聪明无益”这一家训可谓是苦心孤诣。

◎时运不济，妄求无益。世间本就多是平凡大众，难有惊才绝艳之辈；纵然身怀绝世技艺，在时势面前人力依然有穷。孔丘为至圣先师，周游列国数载却不得其志；楚霸王力能扛鼎拔山，也难免有“时不利兮骓不逝”之叹。林则徐心忧国家天下，为此多次上书朝廷痛斥鸦片之害，更在赶赴广州之后立下虎门销烟的壮举，大快人心、举国称赞，但随后而来的却是朝廷的贬谪和佞臣的诬陷。可见人力有时而穷，世人只能尽己之能，坦然面对最终结果。林则徐对子女立下这样的家训，也是希望他们将来遭遇困境之时能够保持一颗恬淡的心。

◎妄取人财，布施无益。世人受行善积德之说的影响，往往对行善之举心存投机，以为行善就可改变自身气运命禄，于是别怀他思的布施香火、周济穷困等小恩小惠大行于世。古往今来的贪官污吏在夺取了民脂民膏之后，为了消除内心的不安，或是为了伪饰自己的清廉，经常会扮出乐善好施、周济穷困的伪善面孔，希望借此逃避制裁。却不知“天道无亲，常与善人”、“天网恢恢，疏而不漏”，一旦做出掠夺之事，鬼神也会离心离德，即使穷尽自己的不义之财来积求福报也无济于事，一旦东窗事发不但会暴露自己真实的嘴脸，法律的制裁也会随之而来。

◎不惜元气，医药无益。元气，是人体维持组织器官生理功能的基本物质与活动能力，如果不求惜身，一味放纵自己，即使事后再怎么使用药也无法填补身体的亏虚。林则徐所处的时代，国人饱受鸦片侵蚀之害，为此他特意告诫子孙后人要爱惜自身，不能寄希望于别物，以免沾染恶习成瘾难改。

◎淫恶肆欲，阴骘无益。食色为人之本性，根深蒂固，一旦食髓知味就必然沉沦。阴骘，意为自己暗中所做、不使他人知悉分毫的善事。常人行善往往乐于为他人知悉，以求得自己的声名。默默行善不求人知的善举与之相比之下更显行善者内心高尚。林则徐本身也是研读佛学之人，在他看来，如果不注重本身行径，宣淫纵欲，即使花费再多的钱财去行善，花费再多的心思去济贫，对自己也没有分毫助益。林则徐的这一家训比起社会常规流传的劝善观点更要严苛不少，但在这严苛背后，却是为人父者对于子女的一片期望。

【林则徐家训故事·不留财货】

留钱财于子孙何用?

若说林则徐最为人称道的一件事莫过于虎门销烟，那他最为人称道的一句话莫过于“子孙若如我，留钱做什么，贤而多才，则损其志；子孙不如我，留钱做什么，愚而多财，益增其过”了。林则徐是清廷大臣，位高权重，同时又历经宦海浮沉，不论是从其官职地位而言，还是就其后世家族而虑，按理来说他都应该为自己的子孙留下家产，以备子孙万一之需。但当有人向林则徐提出这番建议时，林则徐却断然否定，并写下了上述对联昭明自己的心意，并以此勉励后世子孙。相比于当今父母不惜耗尽心力给子女提供最佳的物质条件，林则徐对子女精神意志的培养更为看重。授人以鱼不如授人以渔，父母为子女的生活考虑而积攒财富是人之常情，但父母爱子更要分主次、计长远，要给子女留下比财富更为重要的东西。

左宗棠：以尽心力求上进

自奉宁过于俭，待人宁过于厚。一切均从简省，断不可浪用。此惜福之道，保家之道也。

——左宗棠

左宗棠是晚清四大名臣之一，也是湘军的重要将领、洋务运动的主办人之一，更是一位民族英雄。左宗棠虽然少年考试不中，但后来却因为关心农事、兵法而得到清廷的器重，成为清廷的重臣。左宗棠一生也经历了南征北战，先后在镇压太平天国、平定甘陕回乱、维护新疆统一、中法战争取胜中都发挥了重要的作用。由于其为清廷立下的赫赫战功，在他逝世以后朝廷追赠他为太傅，并谥号文襄。后人遍览其一生经历，从中总结出了许多足以流传千世而治家教子的观点：

◎感恩要以行动。受人恩情的人还是心中有所感恩的居多，那些恩将仇报的宵小终究只是一小部分。心怀感恩也是人的善德体现，但这份善德不应该仅仅体现在心里，更应该体现在行动上。人力皆有困顿之时，即使是比自己强大、能够帮助到自己的人，也会有陷入窘境需要他人援手的时候；即使自己的能力低微，也可以在那些细微的小事上去感恩报答。这种以行动感恩也不仅仅是为了回应别人的善意。如果习惯了受人恩情，难免会在心里产生理所当然的想法，心生偏邪。用实际行动去回应别人的善意，也是保持自己内心仁德的方式。

◎以小术对小人。即使自己品行高尚与人世无争，也难免被动地卷入一些风波争端之中，遭到一些“小人”的不善对待。如果自己实在无法摆脱其困扰，正直的态度与手段也无法使其知难而退，就应该灵活变通，在不违背大义法令的前提下，采取一些“诡诈”的手段来应对。心怀仁善是为了更好地通达天下，如果拘泥于仁善而使自己陷入被动就失去了仁善的最初意义。用小术来应对生活中的“小人”，能够使其更加明了自己并非是可以欺之以方的木讷君子，因此心怀忌惮，避免日后更多的困扰。

◎不可不知上进。“平平淡淡才是真”并不是逃避挑战、追求安逸的理由，而应该是拼尽全力求仁得仁后的坦然，常人往往将这两者有意无意地混淆，因而误导了诸多正处于意气风发之时、本该大有所作为的年轻人，可说是罪莫大焉。唐太宗李世民教子曾有“取法乎上仅得乎中，取法乎中仅得其下”一说，这正是世事常态。预定目标与最终成果之间总有偏颇之处，降低自身所订立的目标同时也就意味着陷自己于更加不堪的处境。唯有力求上进才能使自己接触到更高层面的知识与人脉，拥有更加豁朗的人生。

◎知为自信之源。自信的人更能赢得他人的欢迎，缺乏自信的人与人相交之时自己也会有抬不起头的感觉，这就是底气的重要。常人都希望自己能够拥有更大的底气，在交往治事之时把握主动，但这种自信却不是无中生有的。自信源于自身所学的知识多少，以及由知识进而提炼出的智慧，唯有这种智慧才能使人把握人情、洞悉世故，因此而有面对任何事情都不危不惧、不骄不躁的镇定气度。如果不知学习而通过外物的装饰来扩充门面，或是摆出外强中干的所谓“大气”，一旦遇上真事就会被无情戳穿，徒令人发笑。

◎做事当有热情。做一件事情而不希望成功的人很少，除非是迫不得已，否则但凡做一件事人们都会费尽心力去准备，从人力与物力上、从开始与结束的各种环节上多方规划，唯有谋划齐全才能稍微宽心。但除此之外还有一个更为重要的因素，贯穿、凌驾于从准备到实施再到结束的整个过程，那就是至诚的热情。心力热情最为难得，也最为可贵，很多人即使外在准备周全却没有心中的主动激情，最终所得的成果也缺乏生气；而投注了自己心力的成果，即使有所缺憾也能给自己别样的体悟。

◎言谈当重天下。言谈之间不忘天下，并非是为了自我标榜、自显孤高，而是要让自己时刻保持高远的志向，使自己的身心即使在闲谈交往的放松时刻也能谨守天下国家的正道。如果不能从更高的角度去看待整体形势就难免困溺于自己的浅薄眼界，日渐落后而不知。参照左宗棠所处的时代，再对照当今的国际形势，这一理念更显其正确。

◎交友互相促进。人与人的相处交友是源于人的社会性，源于人需要外在的理解与彼此的互助，这才是朋友对一个人的意义所在。虽然朋友可以成为自己分享快乐的陪伴，但朋友相处却有对人生更为重要的选择。与人交友如果只是为了分享追求放纵的欢乐，就对人生的进步没有任何积极的意义。天下间没有生来完美的人，通过后天教育学习也很难达到完美，但彼此之间的互相勉励却可以使人从对方身上学到更多、愈发精进。只有抱着互相促进的态度去交友才是更为积极、更为仁善的想法。

◎不因困境气馁。人们都把困境看作是人生的阻碍，一旦身处其中就心生各种焦虑、忧惧，却不知道困境对于人的积极意义所在。人人都追求有所成就却难得成功，这是因为人与生俱来的性格思维缺点以及做事时没有能够考虑、准备周全。这些不足唯有通过挫折与困境才能凸显，如果能够借此洞悉自己的欠缺所在，做到“不二过”，困境反而恰恰是成功的保障。因困境而心生气馁其实是眼界浅薄的表现，用这样的眼光来看待问题就必然与成功无缘。

【左宗棠家训故事·不苛求学】

起坐听其自由，不可太加拘束

左宗棠虽然是晚清重臣，但他本人只有举人的功名，对于读书致仕一事也自有看法。在他看来，如果学业尚浅就不必因为功利的居心而参加科举，只要能够“保爱身体，专心学做好人，便是门户之幸”，对于孙子一辈每天的功课也不甚苛求。

左宗棠在写给儿子的信中曾经专门叮嘱他每天都不要给孙子安排太多的功课，要是能写100个字，只需安排50个作为功课就好；能念100个字，也只需要念50个就足够。孩童的体能和精力比大人都还很虚弱，竭尽精力必然会使其劳累过度。一旦管教严厉，也有可能压抑其好动天性，使其性格出现问题，或者长大后更加放纵。因此左宗棠强调循序渐进、依从天性的教育方式，可说是通情达理。

黄兴：举全身赴天下国家之难

朝作书，暮作书，雕虫篆刻胡为乎？投笔方为大丈夫。

——黄兴

在中国近代革命史上，黄兴是一位具有重大影响力的人物。黄兴是辛亥革命元勋，与孙中山一为号召、一为实干，共同成为推翻清廷统治的先行者、中华民国的缔造者，因此两人也并称为“孙黄”。黄兴虽然从未执掌过中华民国的最高权力，但确确实实是许多重要革命活动的发起者，更为此多次经历九死一生的风险，在黄花岗起义中甚至被打断两根手指。黄兴与孙中山两人虽然交好，但也存在治国理念上的诸多分歧，但黄兴从未利用自己在国民党内的地位与孙中山对抗，反而多次主动退让、全力相助，可见其一心为公之志。黄兴的家训唯有四字："无我"、"笃实"，虽然只有四个字，但却是其毕生奋斗、致力家国之事的感悟，足以令后人感怀敬仰。

◎无我。无我本是佛教术语，是说世间万象流变无常，不仅人的有形之身有不断的细微变化，就连精神世界也是没有固定的自我概念的。这是基于宗教出世学问的无我，但将之置于入世范畴中，便有了新的含义。身处现实当中，心心念念都关乎生活二字，寂灭涅槃的念头自然不是最合时宜的，但如果执迷于自我，也会蒙蔽自己的眼睛、迷惑自己的心神，使自己陷入更大的迷茫。入世的无我并不需要如同出世修行那般将自己的心神归于虚空，其实更多的倒不如说是"看淡"。功名利禄是人在现实生活中不能忽略的物质条件，但这些物质条件不但不是身内之物，并且对人诱惑非常，如果想要摆脱其对自己精神意志的动摇，最好的办法当然是连自己本身也看淡。唯有这样，才能突破生理物欲的层次，拥有更高的视野格局，致力于更加伟大的志业，不枉一世为人可贵。

◎笃实。笃实有老实和踏实两重含义，纵观黄兴一生多次发起革命运动、始终不忘革命初衷的作为与风格，其含义更偏重于后者。得道、信道是难能可贵的，但在此之上还有更高一重的境界——奉道。圣贤道理虽然精深微妙，但经过几千年诸多学者大儒的探究阐述，也有许多早已流传千世广为人知，可真正将其放在心头、行止不敢或忘的有志君子却寥寥无几。如果说那些忽略修身养德的道理还仅仅是小节缺失，背弃事关天下国家兴亡的大道就是无可辩白的卑劣行径了。即使是抱持观望的态度，也是有愧于圣贤正道的做法，并不值得提倡。道理虽然通晓于心，但不通过实际行动就不能检验其正确与否，也无法检验自己的德行。

不知自己德行，也是缺乏自知之明的表现，志士君子是断然不会对此犹疑、接受的。

【黄兴家训故事·一心为公】

功不必自我成，名不必自我居

人们通常都把孙中山视为思想家，而把黄兴视为实干家。黄兴不仅自己一心为国，对于子女也常常这样教导。

由于黄兴在缔造中华民国过程中立下的大功，有很多人都推举他为领袖。但黄兴对此一概拒绝。他的儿子黄一欧对此不解，黄兴却表示“功不必自我成，名不必自我居”，发起革命只是为了国家，对于权力一事则无须介怀。

在辛亥革命胜利果实为袁世凯所得后，黄兴多次辞谢袁世凯授予的职位，更将袁世凯精心准备的礼物一概退回，只留下几匹好马。黄兴又对儿子黄一欧表示，这些礼物都是袁世凯笼络人心的工具，留之无益。但马却是将来为国打仗必须的，因此才要留下。

冯玉祥：新时代的学习要着眼更广

时时替别人想想，事事代他人打算打算，那便是恕人的学问。此项工夫很要紧，如能日日如此用功，一切都会进步。

——冯玉祥《致女婿的临别赠言》

冯玉祥是中国近现代史上一位极富传奇色彩与争议的人物。冯玉祥初时也只是一位普通的士兵，但经历了多年的戎马生涯，冯玉祥最终成为统帅数十万军队的一方势力，并且因为治军严格、善于速战而赢得了“布衣将军”之称。冯玉祥之所以饱受争议，是因为其手段也是典型的旧军阀做派，以致又有“倒戈将军”之称。但不可否认的是，冯玉祥在面对日寇侵华的国家危亡大局时，也展现出了一代人杰应有的大义，可说是一位爱国将领。冯玉祥身边有一位秘书罗元铮，系冯玉祥的女婿，在其准备读书之时，冯玉祥还写下一篇临别赠言，作为对女婿的教导。

◎子女不可过誉。身为父母便该相信自己的子女，这本是出于子女对父母依赖的回应与关怀，但这种关怀一旦过度就会走向反面。即使是天资聪明的人，听多了阿谀之词也会有所迷惑，正处于成长阶段的子女就更是会因过分的夸奖而迷失自己。即使出发点再好，这些夸赞也只能成为孩子更好发展的阻碍。与其过分地夸誉，不如委婉地指出孩子的不足，使其对自己的能力德行有更清醒的认识，这种做法给孩子的裨益远超一切美好的言辞。尤其是如果一味带着感情成分去看待子女，更有可能会蒙蔽自己的双眼，对于子女的一些重大过失视而不见，这样一来对孩子害处更大。

◎勤写日记记事。写日记一事相较于古往今来名人的诸多家训条例而言，画风略显出入，但将其作为人生一件大事来看待也未尝不可。近代著名文人鲁迅先生便有勤记日记的习惯，国民党党魁蒋介石、著名国学大师季羡林等人也都有此习惯，可见其可取。记日记不仅可以为个人人生温情回忆的情怀提供依据，更可以记录自己人生的思想衍变历程，为自己的反省深思提供更有价值的参考对照。此外，将自己的生活进行记录，也可以在需要某些特别说明的时候借此找到可供回想的资料，可说是一件有助于周全而又可以轻松完成的益事。

◎重视外语学习。学习外语这一诫言与日记同样，都是极具现代意义的要求。世界本是一个整体，国家间的彼此交流、共同进步才是当今世界正确发展的模式，为了促进彼此的沟通，就绕不过学习对方语言一事。这一学习是出于世界发展的根本要义，无关其他，不论不同国家的文化有何特色，都不能影响学习一事的重要性。身为一国之民，对学习他国文化一事更不可抱持自恃本国文化悠久或是先进的“优越”心态，重蹈历代闭关锁国以致落后挨打的国家的惨痛教训。

◎不可固守教条。任何一种理念都需要通过文字来表达，即使是强调不立文字、直指人心的中国禅宗，也还是不免留下些许经籍。但文字终究是固化的，其含义会随着时代的变迁而有所偏重，如果以文字为根本而不以文字背后的根本道理为根本，即使是生活在初立条文的时间段也未必能世事顺遂，遑论固守陈旧教条来指导当下的种种实践活动呢？固守教条不仅无益于事，更可怕的是因对教条的固执甚至对人也失去了尊重，这种态度如果成为共识，必将引发全社会性的动荡浪潮，历史上已有过这样的前例，对此心中千万要保持警惕。

◎生活要科学化。对于大部分人来说，生活绝不止是眼前的苟且，更有眼前的休闲放松，只有一张一弛、劳逸结合，才是最合理的生活方式。不论从事何种职业，工作多么忙碌，都不能忘了辛苦的目的在于更好地生活。为了这一目标，就要在生活的各个方面，如饮食、作息、装修、必需品等，都做到依据科学。当然，这种科学化不仅仅是体现在外物上，更重要的是有科学生活这一思维概念，在这一思维的指引下，追求更加健康合理的生活方式，追求更加幸福完美的人生。

◎做事只问该否。即使是正确的事情，也会由于种种原因而受到人们的反对，尤其是处在世道推移前行的大时代背景下，超前的理论要为人们所接受，就更是需要推行者付出更大的努力，承担更多的舆论压力。在巨大的压力面前，付出往往得不到回应，因此很少有人能够坚持下去。其实人心之中就有无穷的力量，即使路程再为艰辛，只要想到自己所做的是正当合理的事情，就足以鼓起自己的力量，就足以使自己坚定信念前行无悔。义所当为，毅然为之，这是面对质疑与压力不可或缺的信念。

◎接人处事守时。时间的宝贵对于每个人来说都是一样的，尽管不是所有人都能意识到这一点。不珍惜自己的时间可说是自戕，但也只是害了自己；而耽误他人的时间就真的是对人最大的不尊重了。何况到了现代社会，守时更是成为社交的重要礼仪之一，对此没有足够的重视就会影响别人对自己的看法。当然，如果能够做到对别人守时，就更不妨对个人私事也严格一些，在生活中对自己的事规划有条理，奉行不拖延。这样一来也必然能够使自己的生活节奏更加和谐。

◎明辨国家是非。关心国家大事是志向高远的表现，如果关心能够立足于正确的出发点，对国家之事冷静看待、明确认识，就更是为人宏观而智慧了。国家是由千千万万之家、千千万万之姓聚合而成，国家的问题也就总是多方牵涉、盘根错节，不论是抽丝剥茧还是快刀斩乱麻都不是那么轻易。如果空为此忧心，就无益于家国之事；如果辨之而不明，又会因迷惑而误判。对于志在家国的人来说，这两种方式都有将自己导入歧途的风险。只有正确看待国家发展的现状、处境和每一项大政方针背后的考量，才会有益于自己的选择。

【冯玉祥家训故事·为公为大】

欲除烦恼须无我，历经艰难好做人

冯玉祥作为一代爱国将领，其高风亮节不仅体现在自己的抗日壮举上，也体现在对子女的教育上。冯玉祥育有三子三女，在他的教导下，大部分子女后来都成为了精英人物。

在冯玉祥的大儿子冯洪国赴前苏联莫斯科中山大学留学之前，冯玉祥曾特意写了一副对联送给儿子，全联为：欲除烦恼须无我，历经艰难好做人。冯玉祥对此解释为，只有做到忘我，才能把自己的全部身心都投入到公众的事业上；只有经历了重重磨难，才能知道做人的道理何在。冯洪国也没有辜负冯玉祥的这一教诲，在从军之后与张自忠、吉鸿昌等爱国将领一道，浴血奋战在抗日的第一线。

学习之方

孔臧：学习期于渐进，学问重在运用

人之进退，惟问其志。取必以渐，勤则得多。

——孔臧《诫子书》

孔臧是儒门至圣先师孔丘的十世孙。历朝历代以来，不论是哪家哪姓的统治者上台，都对孔家后人恭敬礼遇有加，并代代封赏不辍。孔臧的父亲更是曾经跟随刘邦从芒砀山起义，为汉家天下屡立战功，更以此从龙之功而被赐封侯爵。孔臧在汉文帝九年时推辞了朝廷的御史大夫之职，希望以太常的身份去承继家业，武帝时这一请求得到准许。孔臧与其弟弟孔安国曾经倾力注辑古书大义，并著有书、赋共30篇，可惜于今不存。孔臧也著有一篇《诫子书》，专为儿子论述学习之道：

◎进退在于志向。人生下来都是一样的懵懂无知，即使长大之后资质天分、身世条件有所差异，但也不乏笨鸟先飞胜过聪明人的事例，可见人生的进步与退步不仅仅是一开始就注定的，而是取决于自己的心意所在。如果志在上乘，即使行得再慢也是向着前进的方向；如果立心不正，就更是从下如崩，这样一来人与人之间的高下先后就产生了。因此说，人生的进步以及进步的途径与方法，都取决于人自己内心的想法，如果没有正确的志向，就不能保证人生一路前进。

◎学成重在积累。古人一方面重视学习，同时对于学习一事又抱持极为冷静的态度，这一点从诸多强调读书专一的家训中都能看出来，何况还有“不求甚解”、“以有涯随无涯则殆”的一类新颖观点。学习是追求精进的道路，但选择了这一条路就必须走得踏实。急于求成，就难免忽略书中的大道真意，更因此心急气躁，以至意志消沉。学习是一个贯穿人生的漫长过程，学业有成也不是靠速度而是靠积累。求于疾走就必然不能负重，不能负重所携带的就必然有限，这一道理同样适用于学习。

◎学要有助品行。学习不是人生的目的，学以致用才是学习的意义所在。学习的作用在于何处，每个人都有不同的见解，但裨益品行可说是最为重要的作用之一。即使积累了很多知识、听闻了很多圣贤之道，如果自己的思想、行止没有做出改变，那所谓的努力学习、勤于积累就是虚妄之谈。只有通过学习认识到自己思想上的疏忽与谬误、行动上的不当与失礼，并因此做出根本的转变，才是真正的为学之道。如果停留在为所知多寡而沾沾自喜的层次，就远远没有达到上乘的学习境界。

【孔臧家训故事·读书之义】

徒学知之未可多，履而行之乃足佳

孔臧是孔子的第十世孙，与历史上著名的经学大家孔安国是亲兄弟。在朝为官期间，孔臧不仅与孔安国共同致力于梳理古书大义，同时对于自己儿子的学习也十分地在意。

孔臧的儿子名叫孔琳。孔臧担心孔琳沉溺于学习而又背弃了学习的真意，于是以一代博学之士的眼光出发，为孔琳专门写了《诫子书》作为学习指导。孔臧在文中告诫孔琳：古人曾经说过，了解的知识再多也不能掌握全部知识，但如果能遵照道理做事，即使所学有限也是值得鼓励的。因此要把读书端正品行放在第一位。在这一教导下，孔琳开始端正自己的态度勤勉学问，最终赢得了人们的赞赏与尊敬。

王僧虔：谈不容易，学更不易

或有身经三公，蔑尔无闻；布衣寒素，卿相屈体。或父子贵贱殊，兄弟声名异。何也？体尽读数百卷书耳。吾今悔无所及，欲以前车诫尔后乘也。

——王僧虔《诫子书》

王僧虔是南北朝时的著名书法家，有《论书》、《书赋》、《笔意赞》等书法论著，更有《王琰帖》、《陈情帖》、《御史帖》等书法作品传世。王僧虔也曾在刘宋政权和南齐政权之中担任过官职，也是一位刚正不阿的大臣。王僧虔祖上是东晋宰相王导，其曾祖父即是被后世誉为“书圣”的书法名家王羲之。可以说，王僧虔之所以能有如此德行，能够取得如此艺术成就，都与其世家教育不无关系。王僧虔本人也对自己的几个儿子要求严格，仅仅因为读书一事，便写下了一篇措辞严厉的《诫子书》作为提点：

◎读书不可空泛。关于读书的正确态度，历来读书人也都有各自的不同见解，关于不求甚解一说也有诸多争议、分歧。根据自己所从事的专业不同，读书学习一事也有侧重之分。如果只是了解知识、查阅资料，就可以不用太过深入；但如果是以钻研高深理论为出发点，读书就必须做到通读、精读。但在现实生活中，常人读书往往介于这两者之间，因此，读书的态度终究还是严谨一点更为妥当。如果读书之时走马观花、过于空泛，就对自己的学业和自身进步没有太大的助益。

◎不可满于已知。能够学习固然是人中善者，但学习的目的也因人而异。有不少人学习并非出自对圣贤之道的敬仰和智慧的敬畏，而是仅仅将其作为自己的点缀。虽然良好的学识确实可以更好地装扮一个人，但以此为出发点学习的人，最后往往演变为略有所知便骄傲自满，甚至妄议古今贤人、妄谈圣贤大道的浅薄无知之徒。即使是那些勤于治学、饱读书本的专业研究人员，也不敢随便地下断定，那些读书仅仅看了些许片段，连整体内容都没有概念的人，即使高谈阔论，其言辞又有什么价值可言呢?

◎工作不忘学习。在当今社会的老一辈父母眼中，学习的意义在于其是作为人参加工作的人生前奏和前提条件而存在的，所谓“读书——考大学——找工作”的人生三部曲。但是真正的学习又岂能仅仅止步于工作之前呢?知识唯有到了用时，方知自己之前所学之少，即使是为了保证自己的工作能够正常进行，也离不开在平日的生活中为自己“充电”。有许多人在工作之后就忘记了学习，但却不知这就是人与人在跟随社会潮流一致进步时产生差距的开始。越是脱离学习就越是会脱离社会，即使是步入参加工作的阶段也要以学习为重。

◎不求依仗祖辈。王僧虔虽然出自涌现了诸多名士的世家，但世上更多的是出身贫寒、祖辈目不识丁而自己却学有所成的贤明文士，由此可知学习一事的根本在于自己。即使父辈学识再渊博，那也是父辈自己的学问，不能直接转嫁到自己身上。唯有用尽自己的心力去钻研学问，才能有所成就。如果连学习一事都寄托在父辈身上，这样的人就很难有出息。当然，作为父母想要孩子学习有成，自己也应该有所学问，为孩子提供指点，但这种指点起到的作用并不是根本性的，根本仍旧取决于自己。

【王僧虔家训故事·违制不入】

注重礼制

中国古代虽然不是现今意义上的法治社会，但也绝非完全的人治，究其根本是礼法社会，礼制正是礼法的重要构成部分。古人对礼制的权威特别推崇，虽然历史上经常会有一些豪门权贵做出“违礼”的事情，但那些信奉大义的读书人必然对此口诛笔伐绝不容忍。

王僧虔的兄长王僧绰死于政局混乱，王僧虔便主动担负起教育兄长遗子的工作。王僧绰的长子王俭自幼聪颖，长大之后也以文称道，更曾经担任南齐政权的司空、宰相等职。身居高位之后王俭也有些不注重礼，在修建住宅的时候房屋的规模建制稍微超出了本分。王僧虔见到之后就再也不愿进王俭的家门，直至王俭将违制的房屋拆除才算作罢。

元稹：穷困而能立志，不学岂可为人

及其时而不思，既思之而不及，尚何言哉！今汝等父母天地，兄弟成行，不于此时佩服诗书以求荣达，其为人耶？其曰人耶？

——元稹《诲侄等书》

“曾经沧海难为水，除却巫山不是云。”古来诗文虽盛，但论其卓拔未有能超过唐朝一代者。唐朝盛世诗文气象为后世难以企及，终唐一代涌现出的名家也不知凡几。单论名气，元稹比之李白、杜甫等人或许稍有不及，但其诗作言辞虽简而情意甚哀，凄恻婉转别有一番意味。元稹与白居易同年登第，私交亦笃，又曾共同致力于倡导新乐府运动，因此并称“元白”。元稹幼时，家里因父亲早逝而家道中落，但在母亲的教育下得以继续学习，15岁时便考中功名。不仅自己勤于好学，更写了《诲侄等书》一文训诫自己的子侄要以学习为头等大事，更不忘重立志而轻积财：

◎不留财。说起不留财于后世子孙，很多人第一时间就会想起民族英雄林则徐书房里那副“子孙若如我，留钱做什么？贤而多财，则损其志；子孙不如我，留钱做什么？愚而多财，益增其过”的对联。父母为子孙计长远是出自长辈的一片护犊之心，其情真切令人称赞，但如果出发点不够正确，反而会耽误子孙。不经历社会考验的人很难培养出自立的能力，对于财富的来之不易也难有感触。即使继承有诸多财富，非但不能于成事有益，反而会使其失去进取之心。元稹家族自祖上便“常恐置产怠子孙”，可谓远见，因此元稹诲侄一开始便告诫其要不忘祖训。

◎志于学。元稹自幼家贫却勤学好问，其母亲也是一位深明事理的伟大母亲，不仅自己手抄书本供元稹学习，还经常指点儿子功课，因此才能以15岁之少龄荣登科第，而后进入官场，一路擢升，正是“书中自有粟千钟”的最佳说明。当此之时家族重新兴盛，元稹深恐家族子弟春风得意忘乎所以，因此言辞决绝地质问他们“不于此时佩服诗书以求荣达，其为人耶？其曰人耶？”信奉学习乃人生追求上进的第一路径，绝不能因家境好坏、资质高下而有所动摇，这亦是元稹的切身体会。

◎立志高。元稹少龄之时便考取功名，而后一路擢升官居宰相，可谓一人之下、富贵已极。但纵观他宦海一生，却有多次贬谪经历，仕途并不顺利，这是由于其一心兴利除弊而触怒他人，遭受排挤所致。为官期间元稹先后四次遭贬，处境一度凄凉，但他每次再度提拔之后仍不改初衷，“效职无避祸之心，临事有致命之志”、“常誓效死君前，扬名后代，殁有以谢先人于地下耳”，可见其志向坚定。他以自己的这番心迹作为表露，也是为了教导侄子不要因贵而失志，人生于世便该立志于大义大是。

◎不欢谑。越是繁华的地带就越是有诸多可供欢乐的场地，越是富贵人家的子弟也就越有条件去享受种种旖旎乐趣。纨绔子弟的败家之道莫不由烟花柳巷之地、勾栏瓦舍之所开始，自古以来温柔乡不仅是败坏门庭的销金窟，更是腐化人心意志的销魂蚀骨之窟。元稹虽然在京城长大，交友广泛，更是朝廷重臣，但却从未涉足寻欢买醉的倡优之地，故作放荡无涯的恣意行止，可见其立身端正，安于本分。处于困顿可以考验底线，处于富贵则可见人本心，时时都应谨记圣人克己复礼之道。

【元稹家训故事·不知戒尺】

教子当以身作则

元稹八岁之时父亲便去世，由于前母所生的几位兄长不甚待见，他的母亲郑氏只好带着元稹等子女回到娘家，艰苦生活。即使如此，郑氏并没有因生活之困顿而忽视对子女的教育，并且循循善诱，十分讲求方式方法。

对于子女所犯下的错误，郑氏一向以耐心为上，动之以情，晓之以理地去劝其纠正，对于女儿、儿媳则是以严肃的态度来要求，告诫她们要事事谨慎，言行守矩。由于郑氏极为讲究原则，因此子孙对于她所说的话从来不敢有所违逆。

由于郑氏教导有方，元稹兄弟姐妹等人从小到大都极为和睦，从来没有犯下什么大过。据元稹的邻居讲，元稹及其兄弟姐妹直至长大都不知家长责罚孩子所用的戒尺是为何物，由此可见郑氏确实是教导有方。

韩愈：人因学习而高下有别

人非生而知之者，孰能无惑？惑而不从师，其为惑也，终不解矣。生乎吾前，其闻道也固先乎吾，吾从而师之；生乎吾后，其闻道也亦先乎吾，吾从而师之。

——韩愈《师说》

韩愈是唐代“古文运动”的发起者，亦是唐宋八大家之首，其在中国古代文坛的地位及影响力都举足轻重。由于双亲早逝，他自幼便极为勤勉，苦读诗书，七岁时便能言出成文，及至 13 岁时更是写得一手锦绣文章。韩愈不仅于文坛颇多建树，对于教育也有着极为深刻的见解，留下许多谈论师道学习的论述。正因如此，他对于后辈子侄的教育也十分重视，为此曾写下一篇《符城南读书》，专就学习之义展开了详细的论述，论其观点主要涉及以下几个方面：

◎人因读书有别。世间人初生之时，于思维、智力、体力几无差别，但随着后天的成长，能力、地位却有了强弱贵贱之别，往往儿时共聚一起欢笑晏宴之人，长大之后却难于共谋，这就是读书之道的可贵。读书的意义不仅在于掌握知识的多少，其要义更在于读书学习对于思维、人格的雕琢与塑造。所知多寡之别有如水之多少，置于杯中尚能共存一体；思维人格之别却犹水油之异，共纳一杯亦有高下之分。人生于世当有所作，常人易惑于平凡为真的人生理念而废弃诗书上进之道，因此心中应该懂得明辨。

◎学问源自勤读。读书研学之道贵在一以贯之的坚持，为人应当有至诚求精的学习态度，不可因一时的惫怠而心生懒惰之念。粗浅的阅读只能明了小知，深入研思才能发现知识背后的道理。想要通晓书中的大道真意就不能不深入阅读，而深入阅读就必须花费更多的时间去持之以恒地思考，动辄懈怠放弃就无法理顺书中的要点，贯通自己的思维，到头来不过空费气力，丝毫无益于求学问道，这就是“诗书勤乃有，不勤腹空虚”的内涵。

◎学问贵于金玉。金玉是世间贵重之器，因此能够流通于世，众人为求生计之谋而争相趋求，也在情理之中。但金玉终究是一件死物，不能与人相合，因此始终处于身外，不是立身之本。何况追求金玉之利也离不开人自身的智谋之能，学问与金玉的轻重之辨，由此也就看得分明。何况金玉是有形之物，有形之物就必然会有磨损、耗尽之时；而学问不仅渊博如海，更是无形无质，因此反能使之不尽、用之无穷。为人若能通晓学问加以善用，即使不名一文也富贵有望，若是不明学问不知善用，金玉满堂也不能长保。

◎所学不可或忘。书本人人皆读，道理人人皆知，但真正奉行者却为少数，这也是圣贤有别于凡俗的地方。道理本就易于懂得却难以践行，身处万丈红尘之中又有诸多的无奈与诱惑，常人初闻大道之时往往都是心生喜悦一意向往，等到环境丕变之后就被影响心智，行不由衷。为此韩愈告诫儿子“行身陷不义，况望多名誉”，所行所为一定不能背离书中圣贤之道。这种观点与后世儒门大贤王阳明的“知行合一之道”可谓是不谋而合。

◎恩义取舍当辨。在立身处世的一生之中，人总需要得到他人的一臂之助才能达成自己的愿想，对于领受自他人的恩情当知感怀于心；圣贤的仁义大道亦是至高追求，不可或忘。但恩与义一旦冲突，人势必要有所取舍。仁义大道至高而远，常人很难有切身感触；而他人恩情却近在身侧，易于感受。也正因此，面对恩义冲突，常人往往做出抵触仁义之道的选择，因恩失义。但如果选择如此，纵然通读明了圣贤之道又何益于人生呢？因此为人读书当知深明大义的可贵，避免因个人情感而选择失当。

【韩愈家训故事·训侄读书】

不好进仕好修仙

韩愈的兄长韩会逝世较早，韩愈在自立之后就将兄长的儿子韩湘接到身边精心照顾，并耐心地教导这位侄子学习诗书。只是这位侄子却生性不好仕宦，而对修真养道之事情有独钟，韩愈曾为此对其多加怒斥，倍觉痛心。

这位潜心道学的韩湘，据说就是后来成为上洞八仙之一的韩湘子。他在一番刻苦修道之后终有所成，并且还在韩愈遭逢危难的时候多次相助。有一次还在韩愈的面前展示自己所学的神通，并预言韩愈之后将会因触怒皇帝而贬谪他乡，更度化他成道登仙。这些当然是后世神话传说，不可当真。但韩愈在身遭贬谪行至蓝关之时，他的这位侄子确实曾亲自赶来探望，韩愈的《左迁至蓝关示侄孙湘》也正是为其而写。其诗言辞之间饱含悲愤之意而又难掩一片为国赤诚，也可看作是对其侄子的明志之言。

张居正：治学一事全在自己

当大过之时，为大过之事，未免有刚过之病，然不如是，不足以定倾而安国！

——张居正

张居正是明朝中后期最为出色的一位政治家、改革家，也是极具历史争议的一代名臣。明万历皇帝登基之时年龄尚小，幸有张居正以首辅之名尽心辅佐，大力改革，推行“万历新政”，鞠躬尽瘁死而后已，这才使得本已气息奄奄的大明朝廷得以中兴。但同时他又生活奢靡，独断专行，受到后世诸多人物的批判。但不论如何，张居正对于大明朝廷来说都是一位意义极其重要的人物。张居正生有六子，其三子张懋修天资聪颖但自恃才智，因此多年考试不中。张居正为此专门写了一封家书，帮助懋修分析失利的根源，并相应提出了治学应该注意的几大事项：

◎不可盲目效仿。学习虽是人生上进的必由之路，但治学之道于每个人而言都有所不同。即使是学贯古今、知识渊博的圣贤大儒，也都各自有不同的养气读书之道，常人不可为其名声事迹所惑，不依据自己的实际情况而盲目地效仿其风采。古来读书有成的人，不论其性格疏狂放荡或是不苟言笑，方法为寻章摘句或是不求甚解，都只是外在，其治学根本仍不离至诚、精一之道。如果忽略他们的勤勉致一，一味地模仿他们的表象，不仅于自身学业精进无益，还会滋生孤傲不自量力的心理。

◎不可好高骛远。崇尚智慧、好于治学、探求知识虽然是可贵之事，但为人也不可为此太过执迷。知识之海浩瀚无垠，以人有限的时光和有尽的精力，无论如何也不可能彻底掌握所有的真理。如果一味贪求了解而不知明确自己的道，就会越学越迷惑。曾写下《药言》这一传世家训的明代官员姚舜牧曾在家训中留下“有走不尽的路，有读不尽的书，有做不尽的事”之言，道理便在于此。读书治学贵在定于一、精于一，晚清名臣曾国藩也在其家训中多次强调不可同时研读多本书籍。不好高骛远也可说是虚心学习的一种表现。

◎不可摇摆不定。治学不仅仅是为了了解知识、提升智慧，同时也是要借助读书来塑造自己的德行，完善自己的价值体系，形成自己成熟、完备的人生观。但即使是古圣贤之间的理念也会有所分歧，随着时代的进步，与今人的观念差距就愈发明显。想要在恪守古圣贤之道的同时又不与所处的时代相抵牾，是唯有大智慧的人才能够做到的，资质、能力皆平平的普通人如果想要两头兼顾就会无所适从，一无所成。因此应该择其一而从之，先期于治学立本，而后再在学有所成的基础上试着去融会贯通。

◎不可妄议古人。少年人意气风发，正是治学的最佳时期，但由于心性尚未稳定，这一时期的少年人也常常会有偏激的观点，如果用于治学一事就大是不好。古圣贤文士虽然也有高下之分，但于修身、治学、诗文一事都有其成就，即使是以后人的眼光与能力也未必就能赶超。当此之时更该心存敬畏，即使观点相违也该深入剖析，或者存而不论。如果为逞一时意气表现风头，就对自己不曾详解的人事妄加评议，不仅是无知的表现，也会使自己偏离前人本意，心生智慧障。这一行为在当今社会尤为突出，明智之人当知保留一份谦卑。

◎不可自暴自弃。粗浅的翻阅只是学习的最初级阶段，尚未称得上是“治学”二字。学而有成依赖于精一、至诚的钻研，这一过程比起观其大略的简单阅读会枯燥、艰辛许多，过程也往往并不顺利。但凡世间的成功都是用诸多心血换来，如果稍有挫折就心念动摇自暴自弃，必然于事无成。做事唯有时时刻刻都保持端正的态度，避免在细微的失误之处无所改善、原地踏步。能力虽然有余，但由于自己的心理原因却颓废丧志不求改变，反而把责任推给冥冥渺渺的命数，何其荒唐！

【张居正家训故事·教子反思】

乃才可为而不为，谁之咎与！

张懋修是张居正的第三个儿子，由于自小聪明伶俐，刚刚开始学习就知晓如何写文章，因此被张居正视为千里马，认为他将来一定能够早有所成。但是张懋修后来却骄傲自满，盲目地推崇古人的治学方式并效仿，以至于多次考试皆失利，因此意志消沉自暴自弃。

张居正得知之后专门给他写了一封信，替他分析其中缘由。在信中，张居正回顾了自己年轻时狂妄自大的往事，告诫张懋修想要学习有成就千万不可盲目、不可托大、不可放弃。如果不能脚踏实地践行学业，即使天资聪颖也会一事无成。

彭玉麟：治学合于大义，人心合于正道

近时交友大难，纵为晏平仲，犹可共乐而不可同忧。汝当牢记昌黎语，善不吾与，吾强与之附；不善不吾恶，吾强与之拒。一生慎勿以势交。择士而游，可以辟凶。

——彭玉麟《谕玉孙》

彭玉麟是晚清著名的政治家、军事家，后世将他与曾国藩、左宗棠并列为“大清三杰”，又与曾国藩、左宗棠、胡林翼三人并称为清朝“中兴四大名臣”，更有“雪帅”的称号。彭玉麟曾在镇压农民起义中崭露头角，事后却辞官而去，直至曾国藩邀请才投入湘军，而后在官场上平步青云，一直做到两江总督一职，更是中国近代海军的奠基人。彭玉麟为官一生也清廉一生，不仅不置私产，更是将自己的俸禄全部用于救济贫困县民、扩充军备物资，不仅高风亮节，更是深明大义。彭玉麟在为官期间还特意抽出时间给自己的母亲、弟弟和儿子写下了多封家书，论述自己的读书为人之道，以此作为对宗族子弟的借鉴：

◎学习不可止于考试。在应试教育的大背景下，考试是学生读书学习不可忽视与绕过的一节，但这一环节实实在在不过是漫长人生的短暂一部分。考试所涉及的内容不过是书本上的有限知识，对于一个人步入社会、参加工作之后的指导意义也极其有限，如果把学习的着力点仅仅放在考试上，就远远不足以撑持自己的人生。何况考试的内容不仅有限，更是偏离德行修养的道理，如果对此不加重视，就会在基本的为人处世问题上陷入迷惑。学习是人毕生不可偏废的大事，意义也正在于此。

◎书中大义重过考据。经文典籍中的圣贤之言虽然是高度浓缩的智慧总结，但毕竟是个人的主观想法，经过了漫长岁月的流传之后，对于书本中个别文字的内容已经难以说清。对于这一现状该如何看待，学者们争持不下。在彭玉麟看来，学问之道贵在经世致用，考据发现的内容虽然可以惊世骇俗，但对于现世是否有指导意义却并不好说。如果把精力放在吸引世俗眼球的文字计较解读上，就偏离了圣贤著书立说、教化世人的初衷。因此读书应以书中大义作为根本的切入点。

◎人之动力在于正义。世人有所举动、追求上进的目的虽有差别，但基本不外乎名利势的驱使，以正义作为原动力的可说极其稀少，只有那些甘愿为了天下公义抛头颅洒热血的人才是如此。但正义却是凌驾于名利与形势的最高善道，以正义为初衷虽然不免有陷入困溺之虞，但最起码可以保证自己不会行错道路。以名为动力，会因执着于名而有虚伪姿态；以利为动力，会因执着于利而有忘义之举；受形势所迫，会因妥协而违心损德。这些都是于人大不利的想法，唯有正义虽然难求，却最是值得人选择践行。

◎纵遇挫折不发牢骚。人生失意难免心生苦闷，又因苦闷而产生抱怨言辞，但抱怨之词即使说得再多，也无益于已经发生的事实，因此并没有意义可言。而且，一个人一旦因失意而发牢骚大肆抱怨，往往也就意味着其内心深处产生了推诿责任、忽视过失的想法，抱持着这样的心态就不仅是无益当下，更会影响之后的行动。此外，牢骚抱怨往往是伴随着内心的戾气一并产生，将这份戾气发泄到别人的身上，不但会使别人不服，更会使别人对自己心生不满，离心离德。真正有担当的人绝对不会用牢骚抱怨来应对失败，而是更加保持冷静。

◎身体不适更要静心。三灾六病总是耽误人的正常生活，更影响人的身体健康，想要尽快恢复就更是不能因一时的不耐而动气。关于身体产生病痛的根源一事，中医、西医虽然各有说法，但可以肯定的一点是，如果在生病期间心态不稳，或怒或躁或哀或愁，病情的恢复就必然倍加艰难。人体生病总而言之是身体内部机制不协调导致，心为一身主宰，如果连心也处于混乱，身体内部就更会陷入紊乱。如果情绪过于消极，甚至有可能使病情更加沉重难医。对于疾病要保持乐观积极坦然的态度去面对，才能使病情更快好转。

◎明知是过便不可犯。人皆有过而圣贤不二过，这不仅是凡俗与圣人的行为区别所在，更是内心德行修养的区别所在。明明知晓某事不可为却仍然犯下错误，往往不仅是由于内心善恶不分所致，更是因为内心软弱动摇不能坚持正理的缘故。相比于细小错误再犯所导致的后果，这种善恶不分与软弱动摇才是人生的真正大患，是一个人追求人生成功与幸福的最大阻碍。圣人强调“不二过”其实也不是在意于人的行为，而是注重于对人内心的约束规范，寄望以此使人内心更加圆满，为人处世也更加有道。

【彭玉麟家训故事·病要养气】

养其气体则疾病不生

彭玉麟在步入政坛之后深得朝廷器重，更多次被委以重任，虽然彭玉麟一再推辞，但面对国家的危亡处境最终还是不得不接受任命为国尽忠。但即使是身在异地忙于军政，彭玉麟对于家族子弟仍是十分关心。

有一次，彭玉麟的弟弟眼睛生了病，而且病得不轻。彭玉麟得知之后就专门写了一封信劝慰弟弟。在信中，彭玉麟从中医的理论角度出发告诫弟弟说，肝主目，主火，因此眼疾主要是因肝火引起。要想改善病情，就必须克制自己的情绪，做到冷静平淡。如果能够这样，全身上下都不会有什么疾病，何况是眼睛呢！

中医的理论近年以来备受质疑，彭玉麟的说法是否合于医理在此也不必争执。但心平气和确实是保持健康的重要因素，这一点应该引起人们的重视。

严复：勤学以立榜样于后世

一个国家的强弱存亡决定于三个基本条件：一曰血气体力之强，二曰聪明智慧之强，三曰德性义仁之强。

——严复

严复是中国晚清时期人，也是中国近代著名的翻译家、教育家。严复曾经担任多所高等学堂的校长，并在洋务运动期间培养了中国近代的第一批海军。在翻译方面，严复主要翻译了《天演论》、《原富》等西方著名的思想、经济著作，把西方的政治、经济、哲学和自然科学的思想引入了中国。严复翻译外文的三条标准——信、达、雅，更是深深地影响了20世纪以来的中国译者。严复虽然反对革命，但与林则徐一样都是开眼看世界的第一批国人，因此其思想也有超前之处。严复提倡教育救国的理念，因此对于家中的一应亲人都勤于教导，写下了《与甥女何纫兰书信三封》、《与四弟观澜书》、《与四子严璿书》等诸多书信，用于传达自己的心念心声。

◎立榜样以励后人。榜样的力量无穷无尽，这句话并非是空谈之举。常人在追求梦想的路上之所以半途而废，除了自己的资质能力底蕴等有限以外，往往还是因为得不到足够的认可和鼓励，也想不出成功后的模样。榜样作为身虽处不同时代却又心念一致的人，即使自身再为平凡不过，只要能够给后辈展示出自己的风貌与成果，即使是跨越数千年后，仍然能够激励着后人一步步前行。因此身为一介凡人也不妨以高远的志向作为追求，即使自己不能成就，又岂能料知会给后人带来何种契机呢？

◎表里俱修求有用。贤德虽是由心而修、由心而生，但如果只知修养内心而疏于外在，同样也会损害自己的德行。外在的第一印象于他人而言最为直观，如果不知此点而一味讲求、标榜内心之善，反而也流于不善了。很多修德之人都以内心之善作为偏好，更以此为人生修行终点，却不即使内心真的重于外表，也要先以外在作为渠道才可让人了解自己的胸怀，这才是由浅入深的正常途径。表面的修治虽然是以外物装饰为第一途径，但这种修治背后也同样体现了内心善德的认知。

◎学习当有所领悟。学习本是为了进步，要想实现这一进步，就不能仅凭了解知识的多寡，更重要的是从学习中领悟到属于自己的“道”。人的立身处世都要依循一定的标准，但如果只以社会对大众成员的普遍要求为依据，就远远不足以获取巨大成功。只有通过学习梳理自己的思维脉络，构建自己的观念体系，找到自己所要走的那一条路，才算是步入了学习的正轨。一旦有所领悟就应该不断巩固、加深，哪怕只是微小的一部分也不用介意，因为成就只是时间的问题而已。

◎不惜名以失自由。在伟大崇高的自由面前，即使是生命和爱情也有所不及，圣人视为累赘的浮名就更是不足惜。基于伟大的志向，人的思想与行为所受到来自周边环境的舆论会更大，虽然其中不乏可以纠正自己偏颇的正见，但如果因在意自己的声名而使自己的正道行为有所偏废，自由的意志也就不能保全。这样一来，不论出发点是何等良善，自己的实际成果都会与之悖离。越是致力于伟业，就越是要保持人格的独立与自由，这样才能不为别人所动而失掉自己的方向。

【严复家训故事·旅游治学】

更无论太史公文得江山之助者矣

严复作为近代史上著名的启蒙思想家和教育家，对于子女的教育别有一番理念。严复一共生有五子四女，不论是对儿子还是女儿，他都会抓住一切机会教导他们学习做人。

严复的四子严璿在 17 岁那年打算利用假期时间游览杭州西湖，严复知道后专门写了一封信表示认可并趁机对严璩提出了观点要求。严复在信中说，旅游对于青少年来说意义十分重要，不仅可以愉悦人的精神，还可以趁机增长学识，激发志气。他更以司马迁年轻时走南闯北为《史记》积累资料一事作为勉励。

此外，严复还在信中告诉儿子要学习历史、地理和摄影的学问，借此研习古今的用兵之道，了解本国矿藏分布，为将来成就大业打下基础。

梁启超：态度一事更重于成果

献身甘作万矢的，著论求为百世师。誓起民权移旧俗，更研哲理牖新知。十年以后当思我，举国犹狂欲语谁？

——梁启超《自勉》

梁启超是中国近代史上伟大的思想家、教育家、文学家，同时也是一位政治家。近代中国陷入危亡之际，梁启超曾与康有为一起发动“公车上书”，创办《时务报》，后又成为“百日维新”的领袖之一，但相比之下，梁启超却比康有为这位老师眼界更为开明。在“戊戌变法”失败之后，梁启超也曾一度拥立帝制，但后来便放弃这一主张，并从政坛退出，致力于文化教育学术之事。梁启超于文学、史学、目录学、图书馆学等方面皆有不凡成就，因此也被称为是“百科全书式的学者”，值得一提的是，“中华民族”这一词最先出现便是在梁启超的文字中。梁启超不仅自身卓拔，他的九位子女也个个不凡，分别在军事、建筑、经济、文学、政治等领域成为精英，这与他在家书中对子女的多番教导是分不开的：

◎学习贵在从容。学习一事的要义之一，便在于通过对道理的涉猎了解，梳理自心的那些偏颇观点、不当思虑，时时勤拭自己的内心，从而永葆心意利于端正。另一点便是增长知识以利于追求日后更美好的生活。不论是修心一事还是谋生一事，若要做到很高的层次，便也不离日日精进、时时勤学，断然没有一蹴而就的道理，因此心态贵在保持从容。诚如北宋理学名家程颢在《秋日》一诗所云："闲来无事不从容，睡觉东窗日已红……富贵不淫贫贱乐，男儿到此是豪雄。"身为儒门理学宗师，诗中却有几分慵懒味道，这并非是诱导学子们偏离正途，重点其实正在于"从容"的治学正道。

◎事情得做且做。不论是大事还是小事，都需要付出时间与努力方可完成，人所能把握的时间不过当下，即使心中对自己的能力存有疑虑，也不妨先承担起这份责任，再做其他计较。相比于做好一事，更难的往往是开始做事，抛开无谓的顾忌先迈出第一步，就已经足以宽慰自己。如果能够怀着这样的心态面对事情的每个下一环节，往往也能够走得很远。这其实也还是尽心尽力的意思所在。不论最终的结果能到哪一步，眼下只要有能够付诸行动的能力基础，就应该先去践行，当自己迈出这一步的时候，很多契机就已经默默产生了。

◎最忌悲观态度。喜怒哀惧的情绪是人心复杂的体现，也是人生精彩的构成，但消极情绪对人所起的终究是负面作用，不可一味沉溺不能自拔。不论是面对生于乱世的身之不幸，又或是志业崩塌的心之不幸，只要心中还留有一丝希望，人就能够再次爆发勇气去有所改变。最令人顾忌的悲观的情绪过于膨胀，尤其是演变为心死之哀，这样就真的沦为槁木死灰，难以扭转现实处境了。如果悲观限于自身，心内至少有可能换回一份"坦荡"；但如果这种悲观影响到了自己看待整个社会、整个世界的思维，心会指引自己做出何等危险的行为也就不得而知了，这更是可怕之处。

◎做官有害品德。这一家训颇有一棒子打死全员的偏颇味道，倒也不必尽信其文字，把重点放在其涵义上更为妥帖。所谓为官害德，是由于官场之道、政治之事中更多地需要动用到人诡谲狡诈的机心之谋，并且长期从事颐指气使一类工作，也难免使人养成懒惫的心性，人心中善与勤的那方面心意就会淡薄、消亡。这样一来，就从根本上违背了安身立命的人生要义，因此为官并非是人生首选。跳出为官一词来看，这一主张的涵义实则不过是要人警惕人心阴暗、保持内心清正的意思。伤害品德的事业即使利益再大，也必然不能长久，绝非明智之士立身处世的选择。

◎不责子女学业。世间父母大多对孩子学业一事甚为上心，只是不免过犹不及，反而挫败孩子的积极性，更伤害孩子的心灵，这样一来反而违背了本意。比起孩子的学习成果，更重要的其实是孩子的学习态度，只要学习态度端正，学成一事便只是早晚之分。如果单以学识多少而论成功，则世间的知识无穷无尽，又有哪个人敢说是真正学完了呢？若孩子能在治学一事上保持一日新、又日新，便可成就日日新，做到这一地步也可说庶已无愧了。盲目的斥责只不过是父母对学习一事认知浅薄的表现，对子女而言并无益处可言。

【梁启超家训故事·学不责成】

能升级固善，不能亦不必愤懑

相比于学习的成果，梁启超更看重的是子女的学习态度，这一观点与当今社会的诸多父母都是截然相反。但偏偏就是这样的教育理念，反而成就了梁启超的九个子女，这不得不令人称奇、深思。

梁启超曾在写给儿子梁思成（中国著名建筑历史学家）、梁思永（中国著名考古学家）的家书中说道："汝等能升级固善，不能亦不必愤懑，但问果能用功与否。若既竭吾才，则于心无愧；若缘殆荒所致，则是自暴自弃，非吾家佳子弟矣。"只要能够用端正的态度去努力治学，就必然能有所收获，即使比他人有所不足，也不必失落。如果能够顺应自己的天性，通过从容地学习知识并对社会有所贡献，就称得上是可贵的人才。

修身之义

蔡邕：世间最美不外乎心灵

览照拭面，则思其心之洁也；傅脂，则思其心之和也；加粉，则思其心之鲜也；泽发，则思其心之润也；用栉，则思其心之理也；立髻，则思其心之正也；摄鬓，则思其心之整也。

——蔡邕《女训》

蔡邕是东汉末年著名书法家、文学家，此外更精于音律，精通汉史。中国历史上有名的才女蔡文姬便是其女儿。蔡邕被称为是汉代最后一位辞赋大家，著有《青衣赋》、《述行赋》等代表作品，流传有四百多首诗，更独创了“飞白体”这一书体。蔡邕自幼品行至孝，长大为官之后，更由于东汉末年政局的不稳而经历许多波折。蔡邕曾经被董卓强行征召，更因对董卓之死的一时感叹而无辜下狱遭害，令人惋惜。除了诗赋以外，蔡邕还著有《女训》、《劝学》、《释诲》和《训女鼓琴》等文，其中内容都是对女儿及世人的劝诫之言：

◎注重心灵之美。爱美是源于人的天性，美好的事物也能够使得心情更加愉悦，精神更加安宁。但世间之美虽然无处不在，最终却都是通过自己的心意来体会，可见心之一物为人之根本，若要追求美，就更是不能忽视心灵之美。如果不注重自己的心灵之美，不为心中注入善德，即使花费再多的时间去打扮自己的外在，心灵的缺失也会使这一份努力成为无用功。此外，只有使自己的心灵更美，才能提升自己对于美的认知与体会能力，才能够使自己的人生去发现更多的美，“心灵之美最可贵”的含义更在于此。

◎心要时时拂拭。要想保持心灵的美，就要时时注意心灵的修养。对于面孔来说，有形的灰尘无处不在，无时无刻不在污染自己的干净；对于心灵来说，无形的邪祟之念更是生生不息，随时都在侵蚀自己的心灵。对心灵的修养保持最大程度的重视，时时以美好的善德来浇沃心灵，比时时刻刻保持面孔的干净更为重要。相由心生，如果内心被邪思恶念所侵蚀，无论外表再怎么好看，也会显示出丑陋可鄙的一面，令人望而却步。因此梳洗打扮绝不仅仅限于外表，更要做到外表与内心的同步。

◎学习音乐艺术。天下万物皆由“道”孕育，任何一项技艺都基于道而产生，音律也是一样。通过学习音律，更能够体会“道”的存在。“道”虚无缥缈却为圣贤所推崇，是因为通过对“道”的感悟，人可以摆脱外在的种种浮华物质诱惑，使内心安宁平静，更可以探求自己的内心世界，从而对自性有更加准确的认知，借此明了自己的人生意义和价值所在。人们常说的“艺术陶冶情操”也是此意。音乐是人类创造的最为优美高深的艺术之一，抱持着正确的心态去学习音乐艺术，对自己的心灵和人生都是一种绵长的滋润。

【蔡邕家训故事·训女鼓琴】

正坐操琴而奏曲

蔡邕一生共有两个女儿，其中一女便是蔡文姬。古人观念之中对女儿的教育有别于男孩的地方很多，往往侧重于女红和艺术一类，蔡邕身为一代文士自然也不例外。

蔡邕曾经专门写了《训女鼓琴》一文来教导女儿如何鼓琴。在文中他说：如果长辈要求女子鼓琴，女子就一定要先坐端正，然后奏曲。如果别人问曲名，就要放下乐器再回答。不管是奏大曲还是小曲都有一定的限制，如果客人没有兴尽，就绝不可停止。在奏曲的时候还要顾及周边环境，不可打扰到他人。

郑玄：修德不凭外力，继承父辈学问

家今差多于昔，勤力务时，无恤饥寒。菲饮食，薄衣服，节夫二者，尚令吾寡憾；若忽忘不识，亦已焉哉！

——郑玄《诫子益恩书》

郑玄是东汉末年的一代儒学大师、经学大师。他在幼时曾自述富贵显赫“非我所志，不在所愿也”，因此终其一生他都没有做过什么大官，更为了追求学业而放弃官职，四处游学。正是这种勤于学习的精神和毅力，使他的学问更加精深，甚至超过了自己的老师。也正因此，他才能够在当时古文经派与今文经派学说严重对立的情况下脱颖而出，用自己精深的学问破除迷津、兼采众长，更遍注群经，使得古今经学得以容纳于一。《戒子益恩书》是他在晚年之时为了教育儿子郑益恩勤勉修德，专研学业而写，他以自己的人生经历为例娓娓道来，对儿子提出了如下的各项殷切期许与要求：

◎修德靠己。显贵的地位与良好的声誉离不开同僚亲友的扶持宣扬，但德行的培养却只能依靠自己来完成。立德并非是一朝一夕可成，现实生活中的过重压力又往往使得人难以背负，因此而心生动摇、放弃，做出违背自己本心的选择。郑玄深知失去了良好的德行就很难立身于世的道理，又见得自家贫困，担心儿子不能固穷而矢志失节，因此告诫他“德行立于己志”的道理。

◎继承贤学。圣贤之学是历代圣人贤者立身于天下万世、世间万物的角度，对整个世界的研究理解，是属于“道”的层次，其意义远远超出权谋机变之“术”，更非世人所耽溺的物质享乐、显赫声誉所能比拟。可惜世人舍本逐末，往往对此不存注重，教育子女之时也没有更高层次的要求。圣贤之道精深微妙，唯有有志之士方能继承贤学，研读不辍，郑玄本身为一代经学大儒，学贯古今，对于儿子的期许自然要高出常人许多。圣贤之学，并非是高高在上于世无益的空谈理论，而是见微知著洞悉世情的练达之理，掌握贤学并不是一种强行赋予的使命，而是人生追求高远的必然选择。

◎专研学问。沉迷享乐放纵之事易，沉迷圣贤学问之道难。好逸恶劳为人之天性，精深的学问往往不是人们能够终生乐于追求的选择。郑玄本人自幼即好学问之事，长大之后亦为此多次辞官，在耽于名利享乐之人眼中不可理喻，这是因为他们对于学习之乐并未能有充分的体悟。常人无论读书多少，只要拿起书本，就总有因阅读而心生喜悦的短暂时刻，这就是学习之乐。而圣人大儒一旦专研于学问，就能够持续地把握、体会到这种学习之乐，这也正是贤愚之所以区别为贤愚的原因所在。同样的享乐，学习之乐理所当然要比享受之乐更为上乘，因此专研学问是更为明智的选择。

◎求做君子。君子是儒门圣人孔子心目中的理想人格，也是历代大儒学者所倡导追求的做人境界，即使是处于浑浊不堪的丧乱之世，君子仍然是光芒万丈万众瞩目受人敬仰的存在。但君子之道极为难求，身为君子也要面对更多的责任和磨炼，因此对于君子，人们往往是口中歌颂而身不趋行，教育子女做人时也鲜有把君子作为勉励的榜样，这也源自身为父母的常人眼中所见、胸中所学、心中所志的有限。但郑玄本身即是一位志不在浮名的饱学高士，对于子女的期许自然远非常人所及。君子虽然难于成就，但唯有更高的要求才能使一个人的品行能力更加趋于优秀，这种高要求的背后其实也正是父母为子女计长远的一种体现。

◎不辱后人。郑玄的不辱后人虽然是对自己晚年人生追求的自述，但也颇有几分对儿子日后为人处世的提点、训诫之意。人生只有一世，按照自己的理想规划去前行自然是最合情合理的选择，但对于家人子女也要多加体恤之意。尤其是子女来日方长，当其幼小之时更是需要为之思虑。古代律令严苛，多有一人之罪延及子女后世的章法，若因自己的一时放浪形骸而犯下错误甚至触犯禁令，不仅会使自己的子女失去依靠，也会使其在精神上承受更多的压力屈辱，或是断绝其上进之路，累其一生。至于行差踏错而遗臭万年者，即使时逾千世也会成为后世子孙无法言明的耻辱，对此不可不慎重。

◎承担家事。身为家庭一员就总有属于自己的一份家庭责任，身为男子、身为一家之主就更是如此。郑玄虽然精于学问声誉甚高，但由于自身的志向而多次拒绝朝廷官职，在乡间躬耕教学，所以家境甚是贫寒。因此他很担心子孙后世的基本生计，为此提醒儿子“家今差多于昔”，要勤于务事。身为一家之主，即使自己再有追求再有想法，也不能卸下家庭责任，无视一家成员对自己的倚仗而只求一己之事，否则也只不过是一个无能的人夫人父而已。郑玄既要求儿子做一个勤学君子，却又提醒他不忘家庭责任，也可见其并非偏执于“固穷”的迂腐之人，而是一位对子女真正高要求、多关爱的慈父。

【郑玄家训故事·郑玄诗婢】

薄言往诉，逢彼之怒

郑玄不仅自己身为一代饱学之士，对于家中成员的学习也要求十分严格，在他的要求与影响下，就连他的佣人婢女都十分喜欢读书。

有一次，郑玄因为一个婢女做起事情来不够称心如意，于是对她十分不满，想要惩处她。这位婢女觉得委屈于是就加以申辩。不料这反而使得郑玄更加生气，于是叫其他仆人把这个婢女拉拽到庭院中的一片淤泥中。过了一会儿，另一位婢女经过，好奇地问她“胡为乎泥中，”意即为何站在泥中。被罚的婢女则回答“薄言往诉，逢彼之怒”，意思是本想解释，结果他正处于气头上。

“胡为乎泥中”一句出自《诗经·邶风·式微》，而“薄言往诉，逢彼之怒”则出自《诗经·邶风·柏舟》。婢女不过是地位卑下的奴仆，但却能够用《诗经》中的诗句来一问一答，并且恰到好处，令人拍案叫绝。从中也可看出郑玄家中的风雅之气。

刘桢：人无气节便不是真的挺拔

亭亭山上松。瑟瑟谷中风。风声一何盛。松枝一何劲。冰霜正惨凄。终岁常端正。岂不罹凝寒。松柏有本性。

——刘桢《赠从弟》

刘桢是东汉时期的著名文学家，也是建安七子之一，为人博学多才，善于辞辩。刘桢在诗歌，尤其是五言诗方面艺术成就较高，与曹植一起被后人并称为“曹刘”，又与王粲合称为“刘王”。刘桢创作的作品很多，但如今流传下来的只有数篇赋文及15首诗。刘桢的作品风格高峭、激荡，但于辞藻文饰方面则略有不足，更注重内容气势。刘振的诗以游乐和赠答为主要内容，《赠从弟》三首是其代表作。在这三首诗中，刘桢以自然万象为喻，表达了自己对弟弟的一片期望：

◎品行要高。在日常生活中，即使是那些功能相同的生活必需品，人们也不会随便就买，而是要考虑诸多因素细细筛选，这是因为用虽同而质不同。人即使是选择物品时都有如此明显的高下之别，对于自身的“质”又岂能不更加重视呢？自身的质即是个人的心性品行，只有个人的品行高洁，才能更加赢得人们的尊重与认可，才能更好地立身处世。当然，品行高洁在世道昏暗的时候也可能会陷自己于困境，但这些困境都只是一时之患，不论身处何境都有所坚持才是万世不废的正道洪流。

◎本性要坚。人的内心充满了复杂的思虑，在这种种思虑之下，即使是初始之时充满热情去期待、践行的事情，也会因内心的动摇而延缓步伐，甚至停滞不前。这就是常人立志而不能行志的普遍表现。要想真正做成一件事，就要在内心把这件事与其他事物从认知上做彻底的区分，将这件事情彻底扎根于内心。对自己所进行的事情在内心产生犹疑、动摇是正常的，但这种犹疑对于自己的事业，应该是风雨考验，而不是挖根掘脉。本性坚定并不能仅仅依赖自我的暗示，更重要的是把自己要做的事情看得至关重要。

◎志向要远。越是远大的志向，就越需要付出更多的心血，甚至还要面临来自现实的巨大压力。付出心力对人来说尚非难事，但自身所承受的压力却往往将人彻底压垮。这固然与个人的心理承受能力与压力的大小有关，但某种程度上，这也是由于自己的志向还不够“远”。这种

“远”并不仅仅是远大的意思，而是远离世俗观念影响与压力的意思。鲲鹏抟扶摇而上九万里之前，并非没有遭到麻雀的嗤笑，但自己的心念在于九重之上，将心力全部用于践行，自身以外的观点自然就不会时时困扰了。

【刘桢家训故事·不敬之罪】

禀气坚贞受之自然

刘桢不仅是东汉末年的一代杰出文士，其气节之高在当时文人之中也是无出其右。气节可说是杰出文士必有的傲骨，但也正是因为这一性格使得刘震多次触怒曹操父子。

有一次，刘桢因为态度不敬而被罚往石料厂做苦力。等到曹操有一天去石料厂视察的时候，厂里的大小官吏和所有做苦力的工人都毕恭毕敬地匍匐在地上工作，只有刘桢一人对此视若无睹，站在那里悠然地干活。曹操大怒，刘桢反而以“不废公事方为大敬大忠”作为回应，使曹操赦免了其罪。

又一次，曹丕在招待一众文士的时候，让自己的妻子甄氏出来拜见客人。其余文士都跪下参拜，唯有刘桢一人站立且满面不屑，更差点因此被治死罪。

诸葛亮：淡泊物质名利，追求自身精进

问之以是非而观其志；穷之以辞辩而观其变；咨之以计谋而观其识；告之以祸难而观其勇；醉之以酒而观其性；临之以利而观其廉；期之以事而观其信。

——诸葛亮《知人》

诸葛亮是中国历史上一位充满传奇色彩的著名人物，经过了小说和影视形象的加工之后，在中国更是人尽皆知、家喻户晓。根据史书记载，这位中国历史上绝无仅有的一代贤相终其一生都尽心辅佐刘备父子，为蜀汉政权做出了极大的贡献。诸葛亮不仅为国操劳费尽心力，同时也是一位对后辈勤于教导的家长，曾先后写下《诫子书》、《又诫子书》、《诫外甥书》等多封家书，告诫自己的后辈子弟如何为人处世，文章中字字可见其对后辈的一片苦心孤诣。

◎人情易变，当知无常。出身富贵人家的子弟，身边总是不乏提灯引路、牵马执鞭之人，但他们却不知道，这些看似谦卑有礼的“朋友”多半是因利而来。不仅是朋友，即使是拥有血缘的亲人也会因利益而产生分歧。唐太宗李世民与建成太子等人之间小时候未必不是互亲互爱，长大后却有“玄武门”的血腥结局。为人处世不能一味把希望寄托在他人身上，要知道人情易变，这样在面对困境他人难以援助的时候才不会产生巨大的心理落差，一蹶不振。

◎智有高低，不必要强。人生处世当有大志，但同样不能失了心胸的宽广，要知道力有大小，智有高低，能有强弱，每个人的成就都不尽相同。追求自己的目标不能一开始就奢求做到极致，努力之后不论结果

如何都应该坦然接受。现在的家长在教育子女时总是苛求其力争第一，稍有不如意便大加责备，使得孩子自己也只以第一为念，一旦被人赶超就心情激荡、情绪奔溃难以自禁。

◎学习技艺，以求有用。一代大儒贤者王阳明曾说："志不立，天下无可成之事。"但如果立志而不知进取、不知为志向而努力学习积累，成为志大才疏一类人，同样无益于自己的人生。即使自身资质有限，也应该力求学习哪怕一两门技艺，使自己拥有一技之长以傍身，这样才不致沦为一无是处之人。为了往后承担起自己的家庭责任、更好地在社会上立足，当今时代养尊处优的青少年也需要自我勉励，勤于学习，使自己即使离开家庭的帮助也能够保证自己的安稳立世。

◎内心清静，培养德行。诸葛亮曾经"躬耕于南阳，不求闻达于诸侯"，也唯有这样清静的心态，才能使他的品行能力更加完备。乱世对于雄才大略之辈而言往往是崭露头角之机，但在诸多谋臣将士四处奔波择主而事之时，诸葛亮却坦然高卧隆中，安心从事农耕之事。但也正是这份清静的心态让他对天下大势更加洞悉，提出了影响世局、名震千古的"隆中对"。身处当今时代的人，眼见物质发达、物欲横流之现状，更需反复思虑武侯教子之语，以静修身、以俭养德，保持内心一份清静。

◎淡泊世事，明了志向。世人往往津津乐道于诸葛亮辅佐刘备三分天下的成就，却很少注意他以一介布衣躬耕于南阳的淡泊。但恰恰是这段淡泊世事的岁月让他能够把握时局，最终成就自己的功名。东汉末年汉室衰微、群雄并起，贤士勇将无不纷纷各投其主，但诸葛亮最终却选定了势力衰微的刘备，其中固然有刘备仁德的缘故，但又岂能说不是因为他内心匡扶汉室的志向？身处乱世，常人只图一己一家一姓之利，枭雄一流略高一筹，从大势出发图谋擘画，至于在乱世中仍保留一份对天下国家的关怀就更是难能可贵。诸葛亮一生为重振汉室鞠躬尽瘁死而后已，正是开济两朝，一片老臣赤诚之心。

◎珍惜时间，不留遗憾。人在少年之时往往心怀大志，但因心性不定却又难于静心学习。由于能力有限，再加上经历诸多挫折，就难免意气消沉，放弃追求，在年老时徒留悔恨。学习的本质就是对人固有认知观念的冲击、颠覆，较之于玩乐确实颇多枯燥艰辛，甚置可以说某种程度上“痛苦”才是学习的常态。但这却正是学习的可贵之处。好逸恶劳是人的本性，逃避困难往往是人的第一反应，因此人们总是喜于享乐而愁于学业。但不可否认，唯有学习的雕琢才能使一个人更好地成就自己。

◎抑制情欲，内心高雅。少壮之时，人的情欲往往特别强烈，不论人贤与不肖一概如此。但智慧高明的人明了情欲的由来与放纵情欲的危害，因此能够摆脱其困扰；而智慧浅薄的人却被情欲轻易地俘获，因此沉溺色欲、消磨气血、腐蚀意志。凡夫俗子为情欲所困，是限于他们志趣庸俗；而拥有高雅爱好的人，内心正念则要比凡夫俗子强大许多。正如将墨汁倒入水杯，杯中水必然染黑，但倒入大海却无损于海之蔚蓝。在高雅爱好的熏陶下，人会倾心于更高追求，对于情欲这类低级需求就会看淡。

◎摒弃杂思，追求圣道。进入社会之后，各种烦琐人事往往使人疲于应付，一旦“徒碌碌滞于俗”，崇高的志向就会逐渐失落。本立而后生，人不该为琐碎小事费神，而要追慕圣贤之道。一旦将圣贤之道与自己的人生追求相结合，就可以站在更高的角度去看待世事，坚定自己的上进之路。历代成人事者不见得底蕴丰厚，更高的眼界与追求才是导致出身相同命不同的关键。刘邦少时被父亲责骂“不能治产业”，及至登上帝位，所享有的富贵荣华又岂是躬耕之民所能想象？故为人当有大格局与宏观视野。

【诸葛亮家训故事·得子不骄】

宜同荣辱

诸葛亮的亲生儿子诸葛瞻是在其 46 岁那年出生，此前诸葛亮并未生有一子。经过与妻子的商议，诸葛亮将兄长诸葛瑾的次子诸葛乔收为义子。诸葛乔后来与刘氏宗亲联姻，因而官拜驸马都尉，在官场上可谓是平步青云。尽管如此，诸葛亮对他教导却甚为严厉，没有丝毫的宠溺。

每逢出征之时，诸葛亮都会把诸葛乔带在身边，并让他同其他将士一起，共同负责军需运送等军务要事，而不对他特别关照。在他看来，子女只有经历过艰苦地锻炼才能拥有真正的才能，这样方可有所依仗，避免成为百无一用之人。为此他还在写给兄长诸葛瑾的信中特意提到对于诸葛乔与其余将士“宜同荣辱”，还派给诸葛乔几百士兵，以便他学习统兵治军之道。

战场之上凶险莫测，为此方有“古来征战几人回”的悲歌慨叹。诸葛亮多次领兵打仗，对于战场哀鸣之声岂能不加听闻？即使战场险恶，但他仍然让诸葛乔与自己一同跟随军队，亲身体会两军交战的血腥惨烈。这种看似无情的举动，其实反而正是一位智者对子女最明智的教育。

向朗：保持心性平和，以存身养身

天地和则万物生，君臣和则国家平，九族和则动得所求，静得所安，是以圣人守和，以存以亡也。

——向朗《遗言戒子》

向朗是三国时期的蜀汉大臣，早年曾跟随著名名士水镜先生司马徽研习经学，而后又依附刘表担任县长的微末职务。在刘备挥军占据蜀地之后深得刘备器重，先后官拜巴西、牂牁、房陵太守等职，并担任校尉、丞相长史，跟随诸葛亮参与北伐。因马谡之事向朗曾被罢职，但之后又受封侯爵。晚年的向朗致力于治学一事，并注重对青年的教育，更因藏书丰富而受到举国推崇。向朗虽然精于学问，但留下来的作品迄今唯有一篇文辞简练的《遗言戒子》，其内容主要是告诉儿子注重心态的平和。

◎和是根本。人与人之间、物与物之间都彼此联系、应和，如果没有一个稳定的状态就必然产生各种混乱和困扰，如果保持的状态不够合理，这种混乱仍然不会有什么改观。最合理的状态莫过于有序，想要有序就必须贯彻“和”。“和”是中国古代圣贤所推崇的境界，也是重要的哲学范畴之一。如果能够以和为基础，不论是纷争的人际关系还是混乱的社会现象，都能够最快地得到抚平，更能够有利于个人之于团体、团体内部的协调一致。因此“和”不仅是天地运转的根本，同样是人立身处世的根本。

◎心不随物。想要使心态保持“和”的境界，不仅要在脾性上克制自己的负面情绪，还要谨慎外物的干扰、诱惑。外物虽然生死皆不可带，但在生到死的中间过程中却起到了很大的作用，人也不可能完全不依仗外物而存身，因此对外物总是需要重视。但身既然依赖外物，心也就会思虑外物，这就很容易引起患得患失甚至是执迷贪求的心理。一旦心随物动，“和”的心境就容易打破。为人应该认识到外物当利于身心，而身心不可困于物的道理，对于物质做到尽力追求而内心淡泊以应。

◎贫不是患。人生要担心的事情有很多，但贫穷却不是首要。之所以说不是首要，是因为贫的概念很大程度上取决于人对自身的审视方式，除了落魄到极致的贫穷困顿以外，大部分的贫穷意识很大程度上都是人内心的不知足引起的。在这样的情况下以贫为患，就难免会耽误其他更重要的事情，如修德、孝亲一类。即使是陷于真正困顿无已的处境，仍然要用更积极的心态去看待贫困、追求奋进以摆脱贫困，如果把贫困视为心头之患，也无疑是加重自己的内心负担、拖延自己的改善谋生之路。因此无论如何都不该以贫为患。

【向朗家训故事·勘书教读】

只谈古书大义，不议时局政事

向朗早年虽然跟随司马徽研读经学，并与徐庶、庞统等名士有所往来，但由于个人心性略有轻浮不能静心读书，所以并没有在治学上取得太大的成就，反倒是因为为官的才干与成就而连受重用。但在马谡失街亭一事中，向朗因念及与马谡的交情，知情不报被革去职务，在长达 20 年的时间里处于闲散状态，于是趁此时机加紧治学。

由于早年疏于学问，晚年的向朗对自己更为严格。在他年过八十的时候，还要亲自勘对书籍，纠正其中谬误，并且广泛地收藏典籍，为当时之最。不仅自己勤于治学，向朗还广开门户接纳青年，向他们讲授古书微言大义，对时局政治一类事情则闭口不谈。这一做法使向朗赢得了举国的称赞，也为后世开了私人藏书家利用藏书对公众进行教导的先河。

白居易：求取身外不如求取心内

书中见往事，历历知福祸。多取终厚亡，疾驱必先坠。劝君少干名，名为锢身锁。劝君少求利，利是焚身火。

——白居易《闲坐看书贻诸少年》

白居易是唐代最杰出的诗人之一，与李白、杜甫并列为唐代三大诗人，与元稹并称“元白”，又与刘禹锡并称为“刘白”，更被后世之人称为诗王、诗魔。白居易自幼便勤于读书，年纪小小便因过于刻苦而生出白发。白居易在做官之后，为了报答皇帝的知遇之恩而数次上书直言劝谏，虽然意见多有采纳，但也因此令皇帝心中有所不满，因此而被贬江州。后来虽然又得到过重用，但经历贬谪之后的白居易心态已然有所转变，更为淡泊自适。从其写下的《闲坐看书贻诸少年》等诗及其家训中，也明显地反映出了这一点：

◎不忧身外。不忧身外并不等同于忽视身外之物，而是不因注重身外之物而主次不分，忽视了对自己德行与能力的培养，更因此而执着于物欲。物质条件是追求人生上进与幸福的工具，但却不能因此将物质与生活画上等号。就算是修身的方法，在圣贤眼中也只是渡河的船，一旦过河便无所用，何况是更加远离身外的物质。不论自身所处条件如何，要想改变都只能从自己做起，明了这一点就该心无旁骛一心一意追求精进，其余的哀叹不满等情绪虽是理所当然，但却于事毫无用处，不如及早省下，也免得耽误了自己。

◎不意人言。现实生活中，常人往往对他人的看法甚为在意，甚至因此感到劳累、疲惫、畏惧，却很少能够按自己的标准去衡量自己。关于这一心理的产生，美国的人本心理学家卡尔·罗杰斯认为这是由于大部分人在成长中受到的关怀是有条件的、由父母价值观引导所致的。这一说法颇见几分道理。但不论真正的原因为何，这种状态显然不是人生应该保持的。不论是他人的诋毁也好，又或是他人的褒奖，对于自己本心具备的德行与能力都没有实质上的损害或增加，所能影响的仅仅是自己的想法而已。了解了这一点，就不用过于在意他人的评价。

◎不可主观。在别人把眼光投注到自己身上时，自己也会把眼光投射向别人。在人与人彼此打量评判对方、给对方下定论时，人们都会受到来自自己主观看法的影响。即使是一个人，所处的时间、地点等背景不同，其行为也会有相应的变化，何况人与人之间更有思想的不同。因此最好不要热衷于对他人他事的无谓评价，即使是在不得已之时，也要充分考虑对方的处境，更要注意屏蔽自己的价值观好恶，减少个人的主观色彩。越是对与自己理念相反的人与事，就越是要从客观实际出发。

◎惜身不谄。世间有形之物，没有比自身更为宝贵的，因此无论身处何种环境，都要把自己放在第一位去考虑，即使是面对天下国家之事，也要力求全身为上。不仅仅要保全有形之身，更要保全无形的尊严。世间有很多人，本是出于爱惜自身的本意，才去追求种种物质利益，但到头来为了追求物质利益反而付出了尊严的代价。无形的精神尊严一旦失去，有形的身体便也失去了支撑，沦为重利而轻身之徒，因此到最后就连自身也难得保全。因此说，唯有从精神上先保全自己的独立，才能真正地爱惜好自己的身体。

◎内外兼修。越是有道之士就越是明了“修养”的可贵，人无修养便不足以为人立世。强调修养的初衷本是使人趋求自身完美，但在论及修养的时候，多数人却固执于清名而片面强调内在，这同样是一种偏颇。修养虽是从内心做起，但如果仅止于内心也就只是做到了一半而已，算不得真正的修养。即使内心秉持正念，但如果疏于外在的言行、装扮，放浪任侠而不知收敛、守礼，仍然是修养的缺失。何况世间本非人人圣贤，如果没有高洁之德却效仿所谓名士轻狂，最终也会使自己偏离正途。

◎内心童真。刚不可久，柔不可守，要想通达人生上进的坎坷之路，固然离不开坚定刚毅的意志，但除此之外更需再添加一味名唤赤子之心的良剂。坚毅的意志容易趋向固执，如果没有一片赤诚的调和，人便很可能因此做出错误的选择。保留一份天真童心并不会耽误自己的成长，反而能使自己在成长的过程中不至于忽略更多可贵的东西，抛弃更多原本应该保留的东西。保留一份童真也能使自己在一路艰辛的过程中得到心灵的滋润，这一份滋润同样可以转化为前进的力量。

【白居易家训故事・生女何妨】

怀中有可抱，何必是男儿!

古人强调传宗接代，为此向来重男轻女，有的家庭即使生育了多个女儿以至超出了家庭所能担负的范围，却还要为了一个男性的子嗣而不顾家庭财力，更有甚者因没有生育男儿而对女孩心存不满，甚至放弃管教。及至今日在落后的乡村这一现象仍然普遍，可见其痴愚。

白居易生有两女一子，其中一子一女都早夭，直至其年岁已高之时，剩下那位长大出嫁的女儿才生下一个女婴。早年时曾自叹“无儿薄命”的白居易此时倒是看得坦然了，不仅十分高兴，还专门写了一首《小岁日喜谈氏外孙女孩满月》表达自己的喜悦，诗中言道：“桂燎熏花果，兰汤洗玉肌。怀中有可抱，何必是男儿。”与白居易相比之下，今时那些重男轻女的人显得何其鄙陋!

朱熹：谨守纲常，奉行道德，一生不废

老者，敬之；见幼者，爱之。有德者，年虽下于我，我必尊之；不肖者，年虽高于我，我必远之。慎勿谈人之短，切莫矜己之长。仇者以义解之，怨者以直报之，随所遇而安之。人有小过，含容而忍之；人有大过，以理而谕之。勿以善小而不为，勿以恶小而为之。人有恶，则掩之；人有善，则扬之。

——《朱子家训》

朱熹是宋朝伟大的教育家、思想家、哲学家，是理学的集大成者，也是中国古代教育史上影响力仅次于孔子的又一位儒门大师。他并非孔子的亲传弟子，但却凭借自己在理学上的成就和巨大影响力而享祀孔庙，位列大成殿十二哲，此等殊荣，古往今来唯一人耳。朱熹所处的时代是南宋中期，彼时南宋外有金、蒙之祸患，内有朝纲之败坏，内忧外患之下，人民怨声载道，形势风雨飘摇。朱熹身为儒门弟子，故以天下为己任，宣扬“格物致知”、“天理人欲之说”，力求重整朝纲，安定天下人心。其《朱子家训》也正是在这一背景之下形成，因此训言中也处处体现着他的以下纲常道德理念：

◎忠君爱民。朱熹为孔门弟子，又是理学大家，治家家训之中，自然以天下国家、纲常伦理为重。世人往往给儒家贴上愚忠、守旧的标签，却不知贵民轻君方是儒家真正的追求。历代孔门弟子为庙堂之事鞠躬尽瘁、先忧后乐，贬谪流放者有之，忤逆朝堂者有之，身死弃市者亦有之，但若究其根源，与其说是忠于君事，倒不若说是忠于君权背后的天下国家更为准确。孔门弟子所忠的并非一家一姓之天下，而是一家一姓治下的万民天下。朱熹身为儒门大宗，心中自然通晓此理。为此，朱熹才将忠君爱民之理放在宗谱家训的第一位，告诫后世子孙无论身处何时何地何境，皆要不忘孔门忠义之本。身处当今时代之人，同样不能为物欲蒙蔽双眼而短视周身，而当以天下国家为己任。

◎家庭和睦。每个人在生活中都扮演着诸多不同角色，每种角色都有对应的行为规范，良好的家风离不开对自己角色身份的拿捏把握。为人父当慈爱，为人子当孝顺；为人兄当友爱，为人弟当恭敬；为人夫当和善，为人妻当柔顺。如果能够做到这样，家庭就可以和睦融洽。

◎宽容忍让。世间人遭受欺辱，往往同样以愤恨、欺侮回应，能做到谨守原则、坦荡自处而恰当回应者，亦可谓少见的善人。世人往往易于触怒他人，而难于反躬自省，若因无心之失而对其有所计较，也难免引起委屈抱怨，更何况如果对方生性粗野，甚至有心为之，对其一味纠结就更是引火烧身。有鉴于此，对于冒犯自己之人，最好在避开其无理行径的基础上，用事实道理加以分辩、规劝，更增添一份理解与耐心，帮其隐瞒错误，大事化小。如此一来，本意善良的无心冒犯者可以明了其过错，对自己心怀感念；别有居心的滋事寻衅者也会迫于自己的正直，选择乘势下台。这样就不仅可以挽回遭受欺侮带来的损失，还可以巧妙地保全自己。

◎勤于学习。人之所以贵于禽兽者几稀，学习亦是其中之一。正因知学而勤于治学，人才能从万物中脱颖而出，从众人之中脱颖而出。学习不仅仅是为了追求现实物质利益，对于知识与道理发自内心的向往与崇敬才是人心有别于禽兽、最可贵的地方之一。勤于学习，不仅能够让自己拥有比别人更强的能力，争取一时的荣华富贵；更能够开拓眼界，让自己身处与常人不同的高度，看到世间万象背后、常人目光所不及的深处，甚至把握世道潮流。如果能够达到这样的境界，就可以从更宏观的角度去做出自己的人生选择和处世方法，所能达成的成就就不仅仅是限于个人，而是天下国家之至伟。

◎教育子弟。“人不学，不知义”，一个人即使天资聪颖，一旦荒废诗书、轻视学业，最终也难免如方仲永那般泯于众人，至于道德败坏、行差踏错而为恶为害，最终玩火自焚者，就更是令家庭悲号，令他人叹息。人初生初学之时，彼此大多没有明显的差距，之所以后来命途迥异，与家人的对待教导不无关系。孔鲤趋庭，夫子以诗书相问，可见即使是圣人对于子女的教育一事仍然萦心于怀，不存丝毫松懈，何况常人父母呢？朱夫子身为继孔子以来中国教育史上的第二人，对于子女教育的重要性自然通晓。为此，他特意在家训中留下“子孙不可不教”之语，为的就是提醒后世子女不忘对更后世子女的言传身教。这一做法对于今时之人同样值得深深思考。

◎修德亲贤。充裕的财富往往只能招来嫉恨，高深的涵养常常却可使人钦服。即使意不在他人的称誉，拥有良好的品德也可以使人更好地立身处世，这才是通达天下的真正依仗。但是，修养品德绝非一朝一夕可成，贤如颜回也只能做到“三月不违仁”，常人若希望砥砺品行臻于上境，更需要时刻不忘修德之本。朱熹深知修德之难，所以告诫子女修德的同时还要亲近贤人，观察其言行举止，而后对照自身，改过从新。尊敬贤人，不仅仅是尊敬其人，更重要的是通过这种态度来塑造自己内心对贤德的认可、重视与诚服，先树立这等正确的觉悟，而后才能从心灵上去亲近贤人。长此以往，自己也会受到熏陶，使自己的德行日渐纯朴、敦厚，直至最高的仁道。

◎扶弱济困。之前说到，真正的孔门弟子并非是愚忠奴民之辈，相反还是以民为本之人。历代笃信儒家志业的读书人无一不以“为生民立命”、“居庙堂之高则忧其民”为读书做官之志，更是对“民本”这一儒家理念的最佳贯彻。诚然，救万民于水火、济天下于困溺，需要拥有极高的地位和极强的能力方可作为，但是，万民不可救而一人可救，天下不可济而一姓可济，纵然出身平平、鄙如微尘，只要能够在一乡一地施舍微末恩惠，救济一时之贫，这份心意同样可与高居朝堂心忧天下的贤士相比肩。这也正是所谓“勿以善小而不为”之真意所在。

◎拥护正道。历来正道是沧桑，几有志士扶危亡？西山杜宇忍啼叹，蜀地唯见碧血长。尽管人人推崇正道，但世事变幻难测，想要捍卫正道所要付出的代价之大超乎想象。因此世人往往向往美好却难于出手，歌颂正道而惯于旁观。但若世间人人如此，正道必将有倾颓之虑。即使是当今时代，“见义勇为”的精神也已经慢慢远去，“多一事不如少一事”的想法成为大多数人眼见世间不公之时的默契心态，更有甚者内心已经对种种恶行默认屈服，视为常态。对于常人来说这也许并无不可，但对于一位信奉儒家志业的孔门弟子来说，这种正道信念的崩塌远比自身的灾祸更为可惧。“遇合理之事则从”，朱熹对子女的这一训诫，正是其毕生坚守的正道理念的再一次传承。

【朱熹家训故事·甘食葱麦】

莫道此中滋味薄，前村还有未炊人

朱熹不仅是宋朝时期的一代朝臣，同时也是中国历史上的伟大思想家、教育家。在他有生之年曾多次开办学堂授课，但终其一生他都没有为自己和儿女后人积攒财富，生活十分贫困，史料记载是“其斋舍无以避风雨”。但在这种情形下他仍然能够安然自适，对别人凡是于法不合的馈赠一律推辞不受。

朱熹有一个女儿名叫朱兑，生活同样十分清苦。一次朱熹去探望女儿，女儿因家贫只能拿出葱汤和麦饭来招待老父，因此倍觉羞愧内疚。朱熹却对此反而十分高兴，还写下一首诗安慰自己的女儿，诗曰：“葱汤麦饭两相宜，葱补丹田麦疗饥。莫道此中滋味薄，前村还有未炊人。”朱熹以此来劝说女儿不要羞愧，须知世道艰辛，世上多有难以果腹之人，葱汤麦饭已经足够可口，能够吃饱就值得知足开心。可见其安贫与豁达。

陆游：为人当计天下，为官当知清正

后生才锐者，最易坏事。若有之，父兄当以为忧，不可以为喜也。切须常加简束，令熟读经学，训以宽厚恭谨，勿令与浮薄者游处。自此十许年，志趣自成。不然，其可虑之事，盖非一端。吾此言，后生之药石也，各须谨之，毋贻后悔。

——陆游《陆游家训》

陆游是一位伟大的爱国诗人，一生写下了许多爱国诗篇。他与唐婉缠绵悱恻、令人唏嘘不已的爱情故事，更是千古流传。同时他还是一位很重视子女教育的人，在教育子女方面提出了很多至今仍然十分具有参考意义的观点和方法。据记载，这位曾经铁马冰河共入梦，偏偏却又“心在天山，身老沧州”的剑南诗客从四十多岁开始写家训，直到八十余岁仍在不断增补，总计写下了26则家训。此外他还写了一百多首教育儿子的诗，以这种形式来传递观点、塑造家风。通过对其家训的总结，可以看出他对子女寄予了诸多期望：

◎培养善德。陆游希望儿子能够督促自我、砥砺品行，成长为德行高尚、为乡人一致称道认可之人。如果能够做到这样，即便是远离庙堂之上、身处江湖之远，仅仅以一介躬耕平民的身份生活下去，也可以获得别人的称赞与认可，相比于高居朝堂之上、为世人所称羡的达官显贵也毫不逊色，与他们并肩而立也可坦然自适，所谓“衣敝缊袍，与衣狐貉者立而不耻”。

◎过而能改。陆游告诫儿子必须做到见贤思齐，过而能改。所谓“闻义贵能徙，见贤思与齐”，让一个人说出自己的优点很容易，但想让他不犯错误却是很难，至于坦承过错诚心悔改，就更是难上加难。但人之可贵就在于能够勇于面对自己、正视自己。逃避错误、否认错误、掩盖错误，并不能真正地消除错误，悬石于心，只会令自己更受折磨。错误无法改写重来，只有坦然面对，才能一任风吹雨打，再踏阳光坦途。

◎不起贪欲。“若夫天性澹然，或学问已到者，固无待此也。”一个人的精神境界越高，对于物质的需求和关注就会越少。这与儒门圣人孔丘的“君子喻于义，小人喻于利”说的是同一个道理。人生在世的价值不在于自己能够拥有多少，更多的是在于自己能够带给别人多少。高尚的人更多地从他人、从整体的角度出发，一方面是因为他们天性不慕名利，另一方面也是因为他们所接受的后天教育学习已经完备，使他们塑造了健全的人格，让他们拥有更加宏观的眼界和思维。正因为站得高、看得远，所以更加能够懂得物质利益的渺小，所以能够消除贪欲，无欲而刚。

◎严于律己。“后生才锐者，最易坏事。”年轻时聪明伶俐、有才华的人往往反而容易沾染恶习，误入歧途，这是因为他们自恃天资，轻忽大意的缘故。古人有“从善如登，从恶如崩”之言，一时不慎往往成千古憾恨。因此陆游告诫儿子对于子女要勤于教诲，在子女选择朋友相处的问题上更是要严肃对待，严厉杜绝子女与轻浮浪荡纨绔之辈相交，以免久入鲍鱼之肆，臭而不自知，白白耗费了青春时光，徒然消磨了伟大志向，甚至沦为落魄放荡、泼皮无赖之徒。

◎宽以待人。在家训中陆游自述：“吾平生未尝害人，人之害吾者，或出忌嫉，或偶不相知，或以为利，其情多可谅，不必以为怨。”人生在世难免与他人产生利益纠葛，互相冲突几乎难以避免。在这种情形下，陆游能够坦然说出平生不曾害人已经足见其心胸与品行。不仅如此，对于别人出于各种缘由的妨害之举，陆游更是宽宏大量地表示“不必以为怨”。此外陆游还告诫子女只要减少自身犯错、杜绝自矜自夸、避免攀附权贵，就可以减少别人的嫉恨。从中也可以看出陆游的人情练达，洞悉人性。

◎为官清正。在次子陆子龙赴任吉州司理参军之时，陆游特意写诗教导儿子要恪尽职守，尽心奉公为民；此外，更要注重名节，清正廉明，生活朴素。为官一任便要有鞠躬尽瘁，造福一方之觉悟，不可沉溺于权位名利，只知利用权势骄奢淫逸，鱼肉百姓。陆游一生历经宦海沉浮，对于奸臣贪官误国深有感触，因此对儿子赴任为官提出了郑重其事的告诫，要求儿子从各方面都要端正身心。

◎心忧天下。大丈夫当以天下为己任，金庸在小说里也提到“侠之大者，为国为民”。伟大的开国领袖毛泽东少年时代也常被称为是“身无分文，心怀天下”。大丈夫立身于世间，总要有更高的理想与追求，如果仅仅围绕着个人利益打转，即使穷极一生汲汲营营地去追求，到头来也很难说有什么值得称道的成就。但如果能够从天下国家的角度出发，心怀为天地立心、为生民立命、为往圣继绝学、为万世开太平之念，即使是一介布衣也可以站到更宏观的高度去看待一切，其所作所为将被赋予完全不同的重大意义。

◎学习有方。学习也要讲求方法，不能迷信书本、按图索骥，所谓“尽信书不如无书”。“纸上得来终觉浅，绝知此事要躬行。”陆游通过这一句诗一针见血地指出何谓正确的学习。在研习书本知识的基础上，更应该注重社会实践，做到学以致用，明辨对错是非，在学习中检验知识的正确与否，并以此为指引，找寻到值得自己终生奉行的道。

【陆游家训故事·为官之道】

一钱亦分明，谁能肆馋毁？

根据《陆游年谱》的记载，陆游一生一共育有七子，分别是长子陆子虡、次子陆子龙、三子陆子修、四子陆子坦、五子陆子约、六子陆子布、七子陆子聿。陆家世代为官，家族兴盛一时。陆游的高祖陆轸是宋真宗五年的殿试榜眼，官至吏部郎中，死后更被追赠太傅。其祖父陆佃亦是宋神宗三年的进士，官至尚书右丞。其父陆宰历任淮南东路转运判官，京西路转运副使、淮南路计度转运副使等职，死后也被追赠少师。按说如此显赫的家世，陆游应该对于做官甚为期许才是，但他在晚年所著的家训中却明确地告诫子孙后人要远离官场，所谓“惟当躬耕绝仕进，则去祸自远”。究其根底，不外乎陆游一生宦海沉浮，对官场之身不由己与险恶感触颇深。因此，当他的次子陆子龙赴任吉州司理参军之时，他特意写了一首《送子龙赴吉州椽》作为送别诗，并在开篇就明确表示“我老汝远行，知汝非得已”，做官是不得已而为之举。在诗中，陆游对儿子更是多方强调，要为官清廉、恪尽职守、善睦乡邻、奉行仁义、时常回信。其中的“一钱亦分明，谁能肆馋毁？”一句所蕴含的意味，对于如今大力反腐形势下的政府官员仍然如同警钟长鸣。

王守仁：孩子虽小亦不可疏忽教导

"天地虽大，但有一念向善，心存良知，虽凡夫俗子，皆可为圣贤。"

——王守仁

王守仁是明代历史上一位伟大的思想家和哲学家，是陆王心学的集大成者，更精研三教之学。相比于朱熹，这位自号阳明子的王文成公，其学说流传更为广泛，甚至走出国门，影响至东亚一带。曾率领日本海军击败俄国海军、开创近代史上黄种人战胜白种人先例的日本海军名将东乡平八郎随身悬挂的腰牌上就刻有"一生伏首拜阳明"七字，可见其人格魅力与学术成就之非凡。王守仁 44 岁时尚无子嗣，其父便选择自己三弟的孙子王正宪来过继为王守仁的儿子。彼时王守仁身居要职，无暇回乡亲自教导正宪，便以三字经体裁写下《示宪儿》（又称《王阳明家训》）一诗托亲友带回，阐述自己的治学为人之道：

◎读书当勤勉。教育子女当以学习为本，人不学则不能知义。"孔子圣人，其学必始于观书"，读书可谓是最基本的学习方式。王阳明写下《示宪儿》时，正宪年方 11，处于这一年龄段的孩子心性远未成熟，对于许多事情尚不能有正确认知，读书学习尤显重要。因此家长更需警惕，勤于教导，以免孩子沾染恶习而不能改，犯下过错而不自明。让孩子通过勤读书本，从小接触圣贤之论，了解正见、正语、正行、正念，就可以使他们更加懂得明辨是非，与堕恶之途更远一分距离。当今许多父母对孩子的功课成绩甚为在意，为此强迫孩子埋头课本，对于有益良知、砥砺品行的课外书却视如洪水猛兽，大加排斥，观其肤浅之态甚为可笑，亦不免令人唏嘘。

◎游戏当戒断。古来即有“玩物丧志”之说，可见古人重志而慎戏。王阳明身处正德朝，眼见正德皇帝自小深受先皇宠溺而失于管教，四处游乐而耽误朝政，为此自是深有感触。因此他特地将“戒游戏”三字写入家训之中，为的就是避免儿子因疏于管教，同样沾染恶学习、好游乐的不良习气。身处当今社会，点开新闻报道，青少年沉迷于网络游戏而荒废学业，甚至不辨虚拟与现实，以至于当街侵犯他人生命安全，又或是为了玩游戏而抢劫杀人犯下滔天罪行的案件比比皆是。现在科技发展迅速，几乎所有的电子产品都具备游戏功能，为人父母者对此应该有所察觉，尤其是对于年龄尚小的孩子，在接触电子产品的问题上父母一定要谨慎。

◎谎言当摒弃。说谎是所有人都曾有过的行为，几无例外。从现实的角度出发，谎言也并非全部都是恶行，为了维护他人颜面或是情感、为了自我正当防护而说出的与现实相抵触的话也在情理之中。但为了一己私欲而欺瞒他人、犯下错误而不敢面对、耽于立场而丧失原则，这类的说谎也断然不可取。为人唯有正心诚意，言谈正直，方不失君子坦荡无不可对人言之气度。相比于心智成熟、精于世故的成人，孩子们对社会人心的了解还很浅薄，更应该教导他们摒弃说谎。纵然言辞略有失当，也不过童言无忌；一旦言不由真数多，难免于欺诈成性。身为父母家长对此须有清楚认识，在教育子女的这一问题上态度明确。

◎饮食当节制。食色为人之本性，但世人却往往过于贪求山珍海味、珍馐佳肴，终不免于“五味乱口，使口爽伤”之患，耽于口腹而复失于人之自身。这是损本以益末，可谓糊涂至极。何况人性本易于耽溺享乐放纵，既有珍馐入口，之后所思必不止于口腹。贤臣箕子目睹纣王以象牙为筷，便知其奢欲将弥盖天下，这便是见微知著，冰冻三尺非一日寒冻的道理。人总是易于崩落恶途而难于攀缘善道，享乐之门一旦开启，想要摒弃欲望便难上加难。此外，按照当今科学解释，饮食太多对于身体颇多不利，而且一旦饮足饭饱，人的记忆力与思考能力也趋于下降，这样势必降低读书学习效率。因此节制饮食之道对于今人也同样适用。

◎情绪当克制。孔子所谓君子三戒，其一就是“及其壮也，戒之在斗”。人与禽兽最根本的区别即在人有智慧，拥有理性思维，在遇事需要决策之时能够保持冷静克制，避免如同禽兽一般莽撞。常人往往因一时激愤而为自身诸多情绪所左右，因此危害自身。情绪一旦控制不住，轻则冲撞自身气血，留下诸多健康隐患；重则引发失当举动，导致违法犯禁之事。立身处世，面对一时荣辱都应该保持冷静的风度，面对欺侮之时，更应当常常回想韩信甘受胯下之辱的坚毅忍耐，勉励自己做到惜身以图大事。

◎犯错当自省。人非圣贤，孰能无过？过而自省，可谓善矣。人做任何事情都不可能达到完美，犯下错误也实属情理之中，常人于此并无高下之分，但在面对错误时的不同态度，却使得人与人之间有了是非之别。一旦犯下错误就不该逃避，不该失了自身担当，更不能把责任推诿于他人。须知犯错于君子，与其说是上天的挫折，倒不如说是变相的降福。错误所体现出来的是个人思维和能力的缺陷，如果勇于面对深刻反思深入剖析，就可以避免再犯同样的错误，使自己更加完美。此外，犯错不知自省而推诿他人，不仅于提升自身无益，更会使他人心存愤恨不满，这样一来也可能会给自己的人际交往乃至自身安全带来不利。

◎处下当韬晦。人之一生大多难以平稳度过，总要有高低起伏之时。至于宏图高远、壮怀激烈的仁人志士，其一生就更不免于经历诸多惊涛恶浪。当人生处于不顺的阶段时，心心念念急于挽回往往只是让事情愈发糟糕。人之一生离不开耐心与冷静，任何事情的变化总是以足够的积累为前提，在此之前按捺自己不安分的心去筹谋准备才是正确的选择。除此之外还要把握正确的时机。越王勾践兵败之后休养生息、卧薪尝胆长达十余年，方能将吴国攻灭。身处困境，一不可急于冒进，二亦不可轻言放弃。准备不周而轻易行动，最大的可能是功亏一篑；心灰意懒而放弃努力，成功的可能就更是会彻底断绝。因此韬光养晦是唯一的明智之举。

◎修心当向善。王阳明的心学是以“致良知”三字为根本宗旨，对于人发自内心的力量更为注重。王阳明在给儿子的家训中就以果树为喻，告诫儿子心才是人身、人生的根本，一旦心因种种干扰而堕落恶道，人就会彻底沦丧。人初生之时，心境都无善无恶，犹如清水的澄澈与大道的虚无。但正如同清水广纳万物便会显出浑浊，大道广纳万物便会包罗万象一样，人心一旦接触到世间万物，内心的宁静也会逐渐消失。每个人生活中所接触的东西都良莠不齐，这就导致了后天人格的善恶好坏不同。王阳明身贬龙场之时，当地民风尚未开化，但王阳明通过整治风俗，开化教导，终于赢得了当地人民的爱戴。可见平凡人心中蕴含的力量。

【王阳明家训故事·先于立志】

志不立则气昏

王阳明得子较晚，平素对自己的兄弟也甚为关怀。有一次，他的兄弟王守文来向他请教学习之道，王阳明便以“立志”二字相告，并写下《示弟立志说》一文来勉励其弟。

王阳明认为，志向就如同人生学习的根苗，不栽根苗而浇沃土壤，即使再怎么辛劳也一无所获。王阳明少时读书，以何为人生第一等事求教于先生，先生的回答是读书为官。王阳明却说“第一等事应是读书做圣贤”，可谓年少而志存高远。王阳明曾在文中写道，“夫志，气之帅也，人之命也，木之根也，水之源也。源不濬则流息，根不植则木枯，命不续则人死，志不立则气昏。是以君子之学，无时无处而不以立志为事”、“盖终身问学之功，只是立得志而已”，反复提醒弟弟要牢记“立志”二字，并且要立志高远。古语说“取法于上，仅得为中；取法于中，故为其下”，为人当立有宏图愿景，以此为指引不断进步，才能取得更加令自己欣慰的收获。

张英：立品修身，调和心性

一纸书来只为墙，让他三尺又何妨。长城万里今犹在，不见当年秦始皇。

——张英

张英是清朝康熙年间的一位著名文人大臣。张英不仅自身曾担任康熙年间的大学士和礼部尚书等职并主持编纂《国史》、《一统志》等诸多书籍，其子张廷玉更是清朝一代名臣，官居礼部、户部、吏部尚书和首席军机大臣等职位，成为清朝唯一一位配享太庙的汉臣。张英为人谦和温良，其六尺巷的典故更是广为流传。张英的家训名为《聪训斋语》，其中分有诸多纲目。从其子女的言行来看，其中一些条目对后世子女的影响规范作用尤为明显：

◎慎威仪。看重颜面是常人固有的心思，生活条件优越的人就更是注重自己的面子，为此端出诸多架子也是常有之事。但为人若想要精进德行、修身有成，就不能过于注重威仪。出身优越家庭的人由于自身条件好，所以他人内心更多的会趋于恭敬，对其失德不当的言行即使看在眼里也难于讲明，一旦本人过于注重外在就更是如此。这样一来，自己就会在生活中受到有意无意的蒙蔽，不能看清自己的得失。因此越是条件优越，就越是要比常人更谦卑，这样才能有利于自己的做人处世。

◎练字体。书法不仅是一种高雅的艺术，也是现实生活中人人不可或缺的基本技能之一。每个人写出来的字都会因自身书写水平而不尽相同，其中更有美丑高下之别。人的字体有所不同，除了书写水平以外，其中还有更深层次的原因，那就是人的精神风貌。写字需要人从心意出发，将自己的精神理念灌注于指尖笔尖，而后倾泻于纸卷之上，所谓字如其人就是如此。练字不仅仅是从技艺上提高书写水平，更可贵的是通过练字雕琢自己的内心，使自己的气度风貌更为精纯精一。

◎淡饮食。张英的淡饮食一训，并不仅仅是常人所谓的饮食清淡之意，其中也包含心态淡泊之意，可见其宗旨时时不离养心二字。世间万物类别繁多，披毛戴角、湿生卵化，水游、空翔、陆栖者不可胜数。其中多数能够用于人之饮食，但如此众多的饮食也不必强求一一尝遍。饮食种类虽多，但其中也不乏与个人体性相抵触者，如果一味贪求尝试反而会给自己的身体健康带来不利。生活中只需要固定于对自己有利的几项食物就足以饱腹养身，同时也可减少自己的贪欲，这一训诫可说富有深意。

◎谨起居。古人的生活条件不如今人便利，生活享乐也不如今人丰富多彩，纵然如此也不乏勾栏瓦舍、花街柳巷的寻欢之地，今人的夜生活比之古人更加欢乐，但也常常因此欢乐之故而使生活起居时间起伏不定，没有一个稳定的作息。常人往往把夜间的寻欢作乐看作是放松，但其实人在工作了一天之后，整个精神已经趋于低迷，正是需要养精蓄锐之时。耗费晚上的休息时间用五色五味五音之乐来提神，看似精神能够再度活跃起来，其实是榨取自己仅有的精力，兴致越高而伤身越重。

◎简交游。人与人在社会上彼此联结，因此避不开交往时的互相走动、登门拜访。但每个人家中也都有自己的事务需要费心处理，如果频频登门拜访，看似热情友善，其实却是耽误对方的时间、拖累对方的脚步、耗费对方的精力，还有可能会无意间见闻对方的一些隐私，使双方彼此都会尴尬。而且与人应酬也会耗损自己的心力，因此交游太盛是于人于己皆不利的做法。此外，也有一部分人是抱着异样的目的来与人交游的，出于安全考虑，也应该保持内心的清净简雅，避免被人乘隙而入。

◎植花木。常人出于装饰门庭或是净化房间空气的缘故，经常会选择在家中种植一些花草，条件好的更会种植一些高大树木，凸显门庭。在张英这样的文人眼中，这一举动就更是富有深意。人生不仅要有所追求，心意也要有所寄托，而花木之事贴近自然远离尘嚣，更有一番雅致在内，正是居家修养身心的乐趣所在。花木的秉性各有不同，栽种培植也各有其法，譬如人的教子一事，需要人耐心而为。以此也可以使人的心态更加悠然安宁，遇事能够保持镇定的气度。小小的养花植木一事，也蕴含着处世的道理。

◎赏山水。古来文人雅士皆好游山水，并不是出于博取眼球的故作姿态，而是山水之乐更为幽微，非一味沉溺于世俗中事的人所能体会，更有文人雅士其内心的一片恬淡悠然。但山水之乐不仅仅限于此，其中也蕴涵着修身养德的道理。如果能够暂时抛却机心，秉持着返璞归真的赤子心念游山观水，就可以使自己更好地去看待自身所为之于生命的意义，使自己的内心更加明了。将身心置于山水之间，也可借自然之气涤除内心的功利、奸邪、躁动之念，使自己的身心更为协调安宁有序。

◎识管弦。人生处世有颇多不易、艰辛，为此心为形役、劳神费力更是不知凡几。精神不能一直绷得太紧，否则必有断毁之时。一张一弛才能使身心趋于安宁有序，管弦之乐便是舒缓精神的最佳渠道之一。音乐无形，却可深入人心，安抚人的情感和心绪，因此为人当识得音乐管弦之妙。值得一提的是，古人制声乐多是依从人心出发，趋向于使人心神安宁恬淡的正乐；但今世的音乐风格多元繁复，其中有许多是基于使人精神更加活跃、癫狂一流，应当根据自己的心态而有所选择。

◎戒收藏。物希则贵，奇珍异宝由于难得而身价出众，因此常常受到世人的欣慕追捧，钱财丰厚的富贵之人更是不惜花费重金也要求取到手，用以装饰自家门庭或是品玩珍藏，自得其乐。但奇珍之物人人心爱，落入己手也就难免遭人窥探垂涎。而且奇珍异宝往往价格高昂，富贵人家即使穷尽家财，所得也终究有限，而且极有可能为此败坏家业，得不偿失。圣人三宝，曰慈、曰俭、曰不为先，圣明的君主也重贤才而不重珍宝。重收藏也是重物的表现，更会暗中滋生人的占据贪求之心，如此一来反而失去了人生的真宝。

◎安心性。人的一生不会毫无挂碍地轻松度过，期间总会有许多需要自己奔波操劳的事情。为了这些纷繁复杂的人生大事，人的内心也会衍生喜怒哀乐等种种情绪，使自己的精神或者激昂或者萎靡，心绪难于安宁。但高明的人面对世事，总会先保留一份内心的清虚空明，然后再去竭尽自己的心力去争取、谋求，无论最终结果如何，都还能保持内心的一份平静去面对，不因外事外物的流变而有所动摇、失守。张英在家训中以白居易、苏东坡等人的落魄境遇为例，阐述平心静观世事的道理，这正是安养心性的法门。

【张英家训故事·寿日赠衣】

省寿宴之费以济贫寒

张英虽然官居大学士、礼部尚书等职，但生活起居却甚为节俭，每餐不过两荤两素，衣着也十分破旧。对于京城里动辄几十两金的宴客之风他甚为不喜，也从不赴宴或是看戏。

在他六十大寿那日，他的夫人计划用一笔钱宴请宾客为其祝贺，并雇戏班来表演助兴。张英得知后坚决反对，并劝夫人用这笔钱做成100套衣裤分发给路上的贫寒人士。夫人最后也同意了这一事，张英也因此度过了一个别样的大寿。

曾国藩：至诚精一，不忘初衷

思古圣人之道莫大乎与人为善。以言诲人，是以善教人也；以德薰人，是以善养人也，皆与人为善之事也。君相之道，莫大乎此；师儒之道，亦莫大乎此。仲尼之无常师，即取人为善也；无行不与，即与人为善也。为之不厌，即取人为善也；诲人不倦，即与人为善也。

——曾国藩《曾国藩家训》

曾国藩被称为晚清第一名臣，同时也是中国近代史上一大名人，围绕其本人的褒贬争议分歧不可谓不大。但抛开其本人不讲，单论其对家族子女的劝勉教育，我们却可以从中发现许多值得借鉴的内容。曾国藩曾经论述过“家俭则兴，人勤则健；能勤能俭，永不贫贱”的16字道理，其后人对其强调的勤奋、俭朴、求学、务实的家训也一直奉行不怠。曾国藩的家训涉及各个方面，其中尤重学习、勤俭、修身之道：

◎以俭持家。道经有曰：“金玉满堂，莫之能守。富贵而骄，自遗其咎。”身处困顿的时候人们很难过多地去考虑淫逸享乐之事，就像一旦富贵之后很难继续保持一颗澄澈的心一样。一旦富贵而骄，辛辛苦苦积累下来的财富付之一空事小，给个人与家族招来祸患就十分可怕了。曾国藩也正是因为在京城里看到了那些世家子弟骄奢淫逸和家道日渐衰颓的事实，才制止子女在京城居住，并严厉禁止家人子女以其名义张扬声势。他甚至提出“誓不以军中一钱寄家用”，以他夫人身份之尊贵，却还要亲自劳作，可算勤俭到了极致。

◎勤于治学。勤俭，是曾氏家训中反复提到的二字，可见曾国藩对其重视。勤俭二字往往并列而讲，这是缘于两者互补的缘故。勤而不知俭，积累再多也难充裕；俭而不能勤，困顿处境难以避免。《周易·谦卦》中就说“劳谦君子，有终吉”，但凡巨大的成就都不是瞬息可达，都需要付出极大的辛劳与汗水。曾国藩幼时天资平平，甚至因为反复诵读却不能背出课文而遭到梁上小偷的嘲笑。但最终曾国藩成为一代名臣，而那名小偷却泯然于世道潮流的起伏之中，毫无声息。由此可见勤之重要。

◎学习不辍。人之所以有别于禽兽，之所以能够为万物之灵长，之所以能够改变世界，就在于人拥有高度的智慧，能够不断学习、探究、掌握世间的真理，借此推动社会的进步。但可叹的是，真正能够安心苦读的人却十分稀少，遑论奉行终生而不变的君子圣贤。当今世潮，社会大众的物欲追求愈发趋于扭曲病态，对于学习，甚至是对于知识的轻蔑与不屑都充斥在每个人的身边。身为高等智慧动物却轻视智慧，不可不谓是失智之举。

◎与人为善。曾国藩虽然官爵显贵，权势显赫，但在其家训中却处处提到友善二字：不仅要对族人友善、对朋友友善，对于近邻、乡绅、官员同样要做到友善。人并非孤立于世间，立身于世必然会与他人产生羁绊。唯有友善的相处态度与方式才能与人贴近情感，遑论曾国藩身为儒门学士，身为朝廷重臣，更需要端正自己的态度，约束子女族人的言行，营造和睦敦厚的相处氛围。强调知识学习而非人格健全的塑造已经成为当今社会家庭教育的常态，冰冻三尺，大学生投毒的悲剧又岂是一日之寒所成呢？

◎惜身为本。在曾国藩的家训中反复提到了“养生”二字。养生也是当今社会的一大热点话题，但曾国藩的养生却不局限于健康范畴。曾国藩在家训中反复强调要“养生”、“保养身心”、“少恼怒”、“功成身退”，为的是告诫子女要保持平和冷静，做到爱惜自身。须知人之自身方为立世之根本，唯有惜身谨慎，才能避免因一时激愤而行差踏错。因为汉人的身份和卓著的军功，曾国藩饱受朝廷猜忌，但他能够沉心静气，坦然忍受，主动削减麾下的湘军，一再宣扬表示感念清廷的恩德，借此让朝廷放下戒心，可说是一位善于自保的智者了。

◎不畏磨难。曾国藩告诫子女“一定要经风霜磨炼”。自太古洪荒以来，不论是人类的进化还是其他生灵的繁衍，都饱受来自自然环境和社会环境的诸多考验甚至是凶险，历经漫长的岁月才走到了现在。世间不存在安稳不变的局面，也鲜有能够平稳度世之人。人们常说的逢凶化吉，也是要先经历凶的考验，而后才能呈现吉兆。儒门亚圣孟子曾有“天将降大任于斯人，必先苦其心志”之言，说的就是上天纵然为君子带来灾祸，其实也不过是变相为君子降下福缘，只要君子坦然面对，用尽生命的力量去拨开云雾，朗朗青天自然现于眼前。

◎精于一事。人的欲求总是无穷无尽，即使是在学习的方面也往往会体现出一味求多的状况，但人生精力有限，专注度也不能长久保持，如果分散精力，不求从一而终，即使广泛涉猎也很难在某一方面登堂入室。世间大抵还是资质平平之人为多数，多方发展全能全通的天才终究还是少数，与其羡慕天才的资质，常人更应该看到的是天才的努力，只要找到目标，坚持不懈、一以贯之，即使是资质平平之人也能在某一方面达到甚至超越天才。“驽马十驾，功在不舍”说的就是同一个道理。

◎不意名利。人生在世，名利实在太过虚幻，看得太重难免失于人生乐趣。人生在世数十载，能够把握的东西不多，但真正值得珍惜的其实更少，只是多数人却为利欲所蒙蔽，到头来往往发现自己遗落了一片初衷。“夫天地者，万物之逆旅；光阴者，百代之过客”，人自身对于无尽历史长河也如沧海一粟，何况名利更在人身之外？曾国藩为晚清重臣，为清廷立下赫赫大功。但他能够冷观世事，牢记入仕初衷，不为名利所惑，并劝诫胞弟舍弃官爵，躬耕于农田，不仅避开了清廷的猜忌，保全了自己和家族，更加赢得了世人崇敬。

◎不废礼节。曾国藩一生奉行儒学，为人处世自然遵循儒学教诲，在其家训中也自然按照儒家的观点对家人子女做出教导。儒家以仁为核心思想，礼则是仁的重要体现之一，曾国藩身为儒者，从戒骄、恭敬、忠恕、庄重等多个方面对子女提出了守礼的要求。之前讲到，世间人多是资质平平之辈，不见得一定能够功成名就、名利双收，对此可以坦然视之；但有些事情却必须严肃对待，做到慎独，绝对不可偏废，礼仪就是其中之一。人生平淡并无愧于人之身份，无礼放纵却会败坏全家声誉。懂礼守礼，是为人不可违背的准则。

◎培养气意。培养气意指的就是培养气概和意志，也可以理解为信念、情怀。孟子曾说：“吾善养吾浩然之气。”世间即使有相同的两张面孔，如果接受的教育和人生经历不同，对世界和社会的感悟不同，所呈现出来的精神面貌也是不同的。精神面貌不同，心态的积极与否也就不同，这种不同也体现为气质的不同。气质的培养并非只能通过被动地传授，往往更依赖于自己的学习感悟。读书，可以了解作者的内涵；练字，可以揣摩作者的意境；写作，可以梳理自己之思想。在这一系列的学习之下，自己的气质也就慢慢培养起来了。

【曾国藩家训故事·读书之义】

读书不可有好名之心

读书做官，历来是古代读书人的追求，但曾国藩确确实实是一个例外。不仅是对于他自己，对于他的儿子，曾国藩也抱持同样的教育理念。在其子曾纪鸿年方九岁之时，曾国藩就给他写了一封信，自云“凡人多望子孙为大官，余不愿为大官，但愿为读书明理之君子”。在曾国藩看来，成为读书明理之君子远比成为读书入仕之官僚更为重要。

曾国藩的另一个儿子叫曾纪泽，曾因三次科考不中而产生放弃的念头。曾国藩对此不但没有谴责，还鼓励他按自己的想法去规划人生。正是由于此，已经 32 岁的曾纪泽经过不懈努力最终成为了一名精通英文的外交家，才能在后来与沙俄进行谈判时旁征博引、泰然自若、游刃有余。

读书不好名利，从曾国藩的这一条家训中不难看出其开明大度。身处封建旧时代却能有如此眼界气魄，当今社会的家长们在教育子女的时候岂能不加以对比反思呢?

处世之则

马援：谨慎言辞，学习良善

好议论人长短，妄是非正法，此吾所大恶也：宁死，不愿闻子孙有此行也。汝曹知吾恶之甚矣，所以复言者，施衿结缡，申父母之戒，欲使汝曹不忘之耳！

——马援《诫兄子严敦书》

马援是光武帝刘秀手下的一代名将，也是东汉开国功臣之一，曾官至伏波将军一职，更被封为新息侯。他不仅辅佐刘秀为其立下赫赫战功，在天下一统之后仍不顾其老迈之躯奋然而起，为朝廷四处征伐，平定边境之患，直至最后染病亡身于蛮地，可谓半生驰骋疆场。马援曾有“穷且益坚、老当益壮”、“男儿要当死于边野，以马革裹尸还葬耳”之言，他的一生也确实如他期望的那般，为国尽忠，死于边疆而非床箦，可说不负少年之志，虽死亦无憾了。马援不仅为国家兵事费尽心血，对于家族子弟也同样甚为关心，在得知兄长的两个儿子言行不当的时候还专门写下一篇训诫文，对晚辈提出了如下的为人处世准则：

◎不妄言谈。言多必然有失，因此为人当知谨言慎行。尤其是关系到他人的事情、关系到朝廷政令的事情，即使亲眼看见也不见得能够知晓背后玄机，何况是轻信他人的捕风捉影之说。因为道听途说之言而对他人妄加评议，不仅对被评价者而言有失公允，也有可能会因此给自己招来忌恨；因为一己偏执之见而对朝廷政令随意揣测，不仅有可能会使朝廷的权威公信受到无由损害，自己也难免遭到法律惩处，散布引发社会恐慌的言论，其结果也是一样。虽然自己的侄儿只是喜好评论他人，马援对此也深以为警，不存轻忽，可见其对后辈的要求之严。

◎敦厚诚实。对他事妄加评议是轻浮之举，于人于己皆有不利，要想摒弃这一陋习，修德精进，就不可不学习那些心性敦厚、纯朴诚实的人。唯有心性敦厚之人，在面对道听途说之言时才不会轻易相信，更不会心生激愤之态，这样一来就可以避免因随意附和他人而招恨，因反应过于冲动而犯禁。敦厚诚实之人即使言辞不够犀利，口中所说也必然是趋于客观合理公允、为他人讳的言论，再加上品行为人认可，即使评及他人，非但不会损害他人名誉，也可以避免招来争议与嫉恨。

◎不滥交游。人的性格不论内向或是外向，对于交友之事总是会有发自内心的一番期待，大抵人是群体性的动物，离不开与彼此之间是羁绊。但出于个人心性，交友之道不尽相同，有的人有所坚持交友慎重，强调性格、理念之类；有的人一腔豪气不拘小节，交游四海唯求畅快。两者很难说其优劣，唯有依个人利害而论。马援反对侄子交游广泛，是念在世人心性良莠不齐，一旦接触不当就会沾染恶习、影响心性、妨碍德行，使自己沦为“天下轻薄子”一流，因此应当有所慎重。

【马援家训故事·不妄言行】

刻鹄不成尚类鹜，画虎不成反类犬

马援的二哥马余早逝，只留下两个幼小的儿子马严、马敦。在马严

13 岁那年，马援因随光武帝刘秀东征而顺带将马严兄弟带回洛阳，视同己出严加教导。即使在他远征交趾的时候，仍然对两兄弟的教育问题十分关注，当他听说两兄弟好随意评论他人、好滥交朋友的时候，便不顾军务繁忙，专门写下一封措辞严厉而又恳切的家书，作为对兄弟两人的教育。

马援在书信中专门列举了一位心性敦厚的龙伯高和一位任侠豪迈的杜季良为事例，告诉兄弟二人学习榜样也要有所取舍。学习心性敦厚的人即使不到位，自己也可以成为一个老实纯朴的人，但如果学习广泛交游的人不到位，就可能让自己也受到他人不良习气的影响，这就是所谓的“刻鹄不成尚类鹜，画虎不成反类犬”。

嵇康：以圆融处世而不失内心方正

内不愧心，外不负俗，交不为利，仕不谋禄，鉴乎古今，涤情荡欲，何忧于人间之委屈？

——嵇康

若论古人风度，魏晋名士之风流可谓独树一帜。而说起魏晋名士便不得不提到“竹林七贤”。嵇康为七贤之精神领袖，“岩岩若孤松之独立，傀俄若玉山之将崩”，于音律、书法、绘画、文学、养生皆有精研，可惜由于为人狂放不羁，得罪了当时的权贵，以致遭到陷害，冤屈而死。因担心儿子失于管教，他在临死前专门给年幼的儿子写下了一篇《家诫》作为警示，言辞中颇多关怀勉励之意，教导儿子如何灵活圆润地处世：

◎立志坚定。“人无志则非人也”，天生人类七尺之躯、智谋之思，想来自不是为了使人们与禽兽同处共居，茹毛饮血而昏昧不知，而是要使人有所成就。因此人不可不立志求成。世人多有立志而少有成功，是因为受到现实的影响而选择迟疑的缘故，因此在人生道路上，一定要依从自己的志向、兴趣而行，这样即使遇到困难也会有更多的热情去面对，更能坚持前行。依从自己的志向而行也总会遭到他人的非议，此时就更要坚如磐石不动如山，谨记一片初衷。

◎至诚于事。即使是最简单的事情，人也往往不能集中全部精神，若是难为之事就更容易心生疏忽。天下大事必做于细，要想把细节一一厘清，就必须时时刻刻用心。儒家以至诚之道为最高思想境界，《中庸》有言："唯天下至诚，为能经纶天下之大经，立天下之大本，知天地之化育"、"至诚无息。不息则久，久则征。征则悠远"，唯有秉持至诚之道，一以贯之，才能在做事的时候摒弃一切杂思俗念，专注于一事。也唯有这样的专注才能平息内心的一切浮躁之气，保持心态的平和至于博远。圣人凡俗之别亦在于此，立志而行者尤当自勉。

◎谋而后动。立志而废者世间多有，能行者就更显可贵。但达成志向之路绝非坦途，立志愈是宏远就愈是要踏过更多泥泞。立志行事当有夸父逐日的行者无疆之念，但事前也不可少了筹谋规划，见机而行。能够坚守志向的往往都是内心颇具情怀的理想者，但在内心情怀的催促作用下人也常常会趋于激进，甚至不顾一切贸然而做，为此功亏一篑事败垂成。为人不仅当立志，更要立于智，若因一时冲动而前功尽弃，可谓不智之极。嵇康虽是疏狂任情之辈，但并非对人情世事疏于了解之人，劝诫儿子谋而后动，也是为免其一时冒进而遭致失败。

◎以怠为耻。即使是从事于自己的志趣，人也不免会困于劳烦。人的精力有限，事情不能一蹴而成，达成志向的过程中也需要暂时停下来缓解惫怠，以求走得更远，这也是一张一弛之道。但是中途停下的过程中，人也会心生懈怠，使自己原本的一腔热情在无形中慢慢消减。一旦热情消减，最后往往演变成空有对未来的美好憧憬而不加行动，这也是追逐梦想而失败、行至半道而废弃的常态。追逐梦想之路本已远矣，懈怠之念亦时时暗中腐蚀意志，因此嵇康告诫儿子唯有发自内心以怠为耻，方能“期於必济”。

◎无欲而刚。美好的梦想不能掩盖前行之路的风尘泥泞，坚守志向一路行来所经历的红尘种种也容易使人内心低迷。放纵欲望带来的欢乐与坚守信念遭逢的困顿对比着实分明，也更能够惑人心神，因此累于自己内心固有的欲念而心念动摇、放弃操守志向者不可胜数。嵇康本人为玄学大家，看似行为放纵任情疏狂实则内心清静寡欲，不失魏晋真名士之气度风流，对欲望之于人心的腐蚀洞若观火。尤其是幼儿既不知世事之艰而又心智未熟，若不知无欲则刚的道理，就更容易积恶习而难改，嵇康这一训诫可谓看得长远。

◎拒人有道。救危扶困乃人之善德，但人世诸多利害纠缠之下，别人的请求也不能一味答应。但限于对自身的考量，拒绝他人之时也当有所注意。拒绝他人总归是拂了他人脸面，断了他人希望，为此在措辞之时就更要多一份恭敬谦卑，这样既可免去被拒者的他思，也是仁德为本的为人处世之道。他人的请求也往往并非出于无奈，有时也带有谋利之心，如果不符合救困济穷的助人之“义”，对于他人的请求就应该有所权衡，以拒为上。常人多碍于情面而难于拒绝，殊不知轻易为他人所动者，自己的底线必然不保。勉强自己屈从他人往往正是困顿、祸患的开端，这个道理若不知晓，一时的“善举”过后，更多意想之外的麻烦也会接踵而至。

◎远离纷争。天地生人各有不同，价值理念也不免有所分歧、对立，越是高明有识之士的分歧往往也更为明显。但是高明有识之士纵然彼此对立，相争之时也多能止于礼；而那些为彼此之见而言辞激烈的市井乡民，其争执的内容、格调往往也并未有多雅致高深。卷入这类无异于身心精进、道理通明的争端之中不但难于听到对自己有所裨益的见解，往往还需要为此区分是非甚至是表明立场，这样就难免与其中争执一方有所抵牾，因此招来不满或者嫉恨。为人纵然有所分歧也该立于大义之辩，为一些市井争端而浪费精力可谓徒费气力。

◎言于仁义。世人共处于天地之间、社会之中，诸多事情不能凭借一人之力，彼此之间最需语言交流。言辞的运用是一门学问，对于言谈的内容也该知晓有所明辨、取舍。透过言辞不仅可见一人心性，也可体现一人德行，因此措辞不可不谨慎三思。为人处世以仁义为最高追求，言谈所及也不当离于仁义。离开了仁义之本的言论不仅于人于己无益，反而有可能会给听者带来尴尬，给相关人带来困扰。而那些与仁义之道相抵触的言论就更是显得庸俗或是恶劣。人生在世间当以君子修身自勉，仁义所不及的谈话最好是不提为善。

◎不涉隐私。每个人都有属于个人范畴的私事，对此应当予以充分理解与正视，不可过于追究，这既是对他人的尊重之义，也是对自己形象的维护。世间无人会喜欢对自己的隐私追根究底之人，不知本分的探察只会引来非议。如果对方心中所藏是对自身利害关系尤为严重的事情，自己作为知情人就更会引发其顾忌，甚至因此陷自己于危险境地。西方谚语中的“好奇心害死猫”一语便是此意。因此，不仅不能主动地去打探别人的隐私，在听到别人交谈可能会涉及一些私事之时也要果断地避开，避免隐私入耳。

◎贵在大节。世间很少有缺乏原则的人，即使是为了名利不惜下限的宵小之徒，也会有其一定的行事准则，身为仁义之士就更是如此了。但如果一味地讲求原则就会显得过于苛刻不近人情，不但失之灵活委婉，更会失去别人对自己的好感。人生在世虽当以君子圣贤之道自勉，但在一些细小事情上有所偏差也不必耿介，重要的是大节无亏，所谓“吕端大事不糊涂”。民族英雄文天祥少时与朋友放浪不羁，对礼法不甚为意，及至长大之后率兵抗元兵败不屈，咏出“人生自古谁无死，留取丹心照汗青”之句，方可见其为人气节之高。

◎拒绝馈赠。世人与他人交往之时总不免以礼为媒，礼尚往来之间也可见到人之常情。但是真正的情义并不会因彼此相交之时缺了礼物而有所淡薄，纠结于礼物反而是不分主次、看低对方、落了下乘。更有甚者，礼物之中往往也会暗藏着送礼人的别种心思或利益诉求，接下这份馈赠就意味着自己也必须对馈赠者的心思和诉求做出回应。因此，本该是发自内心纯粹的馈赠却情谊不纯，表面上收下的是馈赠实际上却收下了祸端。为人应当学做君子，应当学会有所明辨，对于这种看似拉近距离实则败坏人情的好意坚辞不受。

【嵇康家训故事·不从父志】

处世当知圆融，内心当守端正

嵇康本人虽然看似轻视礼法，但在当时权贵崇尚礼教实则为己谋利的情况下，他这一类“非汤武而薄周孔”的轻狂文士其实反而是礼教的真正信奉者，对此鲁迅先生曾以《魏晋风度及文章与药及酒之关系》一文详加论述。嵇康本人因此而死，所以在教育幼子的时候反己道而行之，希望儿子能够避免自己的命运。

嵇康对于世俗礼教及统治者一向言辞犀利，但在其《家诫》中对于儿子却是谆谆教导不厌其烦。嵇康从志向、言辞、交官、助人等生活中的各个方面出发，为儿子细致地阐述了最佳的为人处世之道，却与自己一直以来的作风大相径庭背道而驰，强调的是内心端正却又外在圆融，可见其面对俗世的狂放不羁之下也有一颗洞明世事的慈父之心。

陶渊明：生死穷通有尽，人生达观无穷

盛年不重来，一日难再晨，及时当勉励，岁月不待人。

——陶渊明《杂诗》

若论人生豁达，自号五柳先生的陶渊明焉能不提上一笔。据传陶渊明祖上便是曾于白鹤观筑台张弓射杀蛇妖的东晋名将陶侃，此说虽未有定论，但论在世人心目中的知名度，这位好弹无弦琴的东篱隐士却是远远超过了陶侃。陶渊明一生疏于名利，虽有从政之念却又眷恋田园生活，更不肯委屈本心与世俗同流，最后也因不愿谄媚长官而干脆留下“不为五斗米折腰”的慨叹辞官而去，无奈中颇见潇洒。人一生若经历太多波折，晚年回首往事之时总不免颇多感慨，陶渊明亦不能免俗。他在病重之时曾写下《与子俨等疏》一文自述生平志趣，在述说自己的坦荡豁达之外，更隐含着对儿子的诸般提点：

◎万事有定。身为儒门先圣的孔夫子就曾有“知天命”之说，更因西狩获麟而哀叹“吾道穷矣”，为此绝笔《春秋》，可见人力有穷，纵以圣人之资亦不能逆之。其弟子子夏的“死生有命，富贵在天”八字，更是一言道尽世间无奈、人心不甘。人之一生该有所为，不论经历何等风浪亦当不改初衷，但对于努力之后的结果更需要多一分坦然。世间有许多事情并不是在身外求取而是从内心去寻得，只要心胸豁达，自己就能够拥有眼下最好的一切。陶渊明内心也曾有过矛盾与不甘，但在人生之末回首往事，却几无遗憾，可见人生确实不必过于执着。

◎四海皆亲。家庭中的兄弟之间，关系往往也有亲疏之分、远近之别，未必能够和睦一心、互亲互爱，在古代兄弟多非同胞的情况下，兄弟之情往往也会多出几分淡漠，身处深宫侯门的就更会因利相害，同室操戈。人初生并非大奸大恶，纵然长成之后内心险恶也不可能完全泯灭仁心，只要能够心存关怀体恤他人之义，四海之内都莫不可为兄弟，何况是同处一家一室的血缘之亲？但凡是诗人一流，心胸中总有一片仁义情怀，这也是他们虽然短褐穿结却能通达四海之故，由此可见亲仁之心的可贵。

◎心慕圣贤。人生在世应当追求上乘妙道，圣贤正是最佳的榜样。圣人境界虽难于达到，但只要心中常慕圣贤之志、常怀圣贤之道亦可修养德行，日日精进。人立身处世总有不得不屈服于世俗的时候，但如果心怀追慕圣贤之心就可以保留一份内心的清明，即使有所妥协有所违心也可以使自己守住一份底线。陶渊明身处东晋之末，彼时世道多有不靖，他不但自己坚守志向不与世俗同流，更以“追慕圣贤”为教子之道，可见这位悠然隐士内心的一份高洁。

◎处邻择贤。孟母择邻而三迁的故事家喻户晓，由此故事人们也知道了择邻选贤的重要性。陶渊明一生出世入世经历许多，年老之时生活贫寒，但他在回顾过往之时却不作他言，而是以“邻靡二仲”为毕生之憾，虽未对子女明言要求，却也是一种强烈的暗示。一个家庭的生活气氛贵在祥和安宁，但如果处邻不贤就容易影响到自己的家庭。不论是对方家庭的氛围不好干扰到自家，又或是对方的性情不佳与自家冲突，都会使自家也卷入这些是非之中，失了一片清宁。陶渊明避世东篱，也是因为田园生活离世俗更远的缘故。

◎乐于学习。身处泰康盛世，学习可以出人头地，追求高远；身处丧乱之世，学习也可使人明智，趋吉避凶，这才是学习的道理所在。因此可说学习是人之所贵，不可因一时一地之故而有所废弃。陶渊明虽然悠居南山之下、东篱之中，抱持不求甚解的态度，但也只是学习理念的不同，而非对学习有所偏视。从陶渊明的一些诗作中可以知道他的几位子女都对学习之事不甚在意，身为“古今隐逸诗人之宗”的文豪对此岂能等闲视之。即使躬耕于畎亩之中也当志于学问，这才不失为文豪教子之道。

◎不可逢迎。困顿事小，失节事大，立身处世虽不免有退让妥协的时刻，但应当是在不甚紧要的情况下，如果涉及个人底线就必须严肃对待。人往往耽于表面，以一时的退让为小事，却不知底线可说是人最后一重的保护。人的内心总是动摇不定居多，若因逢迎妥协而越过自己的底线，自己就已然在不知不觉中踏出了沦丧的一步。踏出一步就会有第二步，沦丧之途就会愈行愈远。陶渊明不为五斗米折腰看似一时意气，倒不如说是防微杜渐。因细小之事就向权势低头的，在更大威压面前泯灭良心的可能性就更大。为人当有履霜而思坚冰之念，在面对威压时保留一分风骨。

【陶渊明家训故事·写诗责子】

虽有五男儿，总不好纸笔

陶渊明虽然避世东篱之下，躬耕畎亩之中，以诗、书、酒、菊为伴，悠然自适，但对于子女的学习教育却总是记挂在心。偏偏他的几个子女都不好学习，让他很是无奈，甚至专门写诗发牢骚，还在诗句末尾感慨还是不要抱什么希望，喝自己的酒算了，读来颇为有趣，全诗曰：

“白发被两鬓，肌肤不复实。虽有五男儿，总不好纸笔。阿舒已二八，懒惰故无匹。阿宣行志学，而不爱文术。雍端年十三，不识六与七。通子垂九龄，但觅梨与栗。天运苟如此，且进杯中物。”

对于陶渊明写这首诗的用意，历来都有不同说法。杜甫认为陶渊明是出于失望而写，黄庭坚则认为这是陶渊明的戏谑、关怀之意。也有考证认为陶渊明生性酗酒，其子不善学习可能与受到遗传影响有关，不可错怪。种种说法各有其理，但一片忧子之心却是赤诚。

杨溥：为人心性不可不稳，不可不慎

阿谀处世声名拙，清白传家姓字香。八面威风休使尽，十分见识莫施张。英雄多少埋黄壤，空付世人叹短长。

——杨溥《家训》

杨溥与杨荣、杨士奇同为明朝永乐、洪熙、宣德、正统四朝老臣，也是“三杨”之一，是明朝历史上一位著名的人物。杨溥曾经是永乐大帝太子、仁宗皇帝朱高炽的老师，因太子兄弟朱高煦的污蔑而受牵连，身受牢狱之灾十年。但杨溥在狱中仍然读书不辍，更将经书史籍数次阅览，了熟于胸。仁宗即位后，杨溥得以赦免并起用，在宣宗即位后进入内阁，并在“三杨”之一的杨士奇去世后接任了内阁首辅一职。杨溥为人操行雅善，与人宽厚，为官一生深得同僚叹服。与因教子无方而心生郁卒一病不起的杨士奇不同，杨溥对于儿子的教导十分上心，更留下《家训》十则，对于儿子起到了巨大的指导作用。

◎创造条件。智者千虑，也不免有一时之失，常人想要达成一项伟业，所面临的困难挫折就更是不可胜数，尤其是一些关键条件的缺乏，更容易加强人的挫败感，使人失去动力。但转念想来，世间万物的存在都有其残缺，但是通过彼此互补，往往能够成就一个完美。对于人而言，这个道理也同样适用。《荀子·劝学》有言：“君子性非异也，善假于物也。”说的就是这一道理。即使自身不具备某些条件，但仍然可以动用自己的智慧通过借助他人的力量来达成自己的愿想，这才是人智慧的可贵之处。

◎老成持重。一个人不论其内心深处的心性如何，在做事的时候都要以冷静、慎重的态度为主导，稳妥地处理各项事务，这才是最合适的做法。事情不分大小必做于细，即使稍有轻忽也可能会犯下致命的失误，更何况心性过于活跃呢？尤其是对于还处在青年时期、参加工作时日尚的浅年轻人，由于自身所处的年龄阶段和心智思维的缘故，很难做到像工作经验丰富的职场前辈那样心性冷静、态度老成。但即使如此，也应该在生活态度和工作态度上有所区分，在自己的工作一事上向他们看齐，做好两者的兼顾。

◎不闻闲话。闲话于人而言实在可称得上是非之源，不仅说之会带来麻烦，即使一时听之也同样使人受惑。常人有自己的主观好恶，本来就不可能看待事事都保持客观冷静中立的态度，如果再加上人情的主观偏向，听从别人的一时闲言碎语而见风是雨，就会在无形中偏离对他人他事的正确认知。人与人之间的误会嫌隙多是由此而生，等到酿成恶果之后即使发现了问题的根源，也很难彻底消除人心受到的伤害。因此即使是与他人言谈之间，也要使自己的心立于善道，对于风言风语从心底里远离，“左耳进右耳出”也不失为一个正确的做法。

◎外出安全。身处当今社会，古人“父母在不远游”的客观条件限制大多不存，为了自身的发展进步，外出远游已经是普遍的选择之一。但考虑到自身的安危和父母的担忧，对于安全一事尤要上心。出门在外缺乏警惕，为了一时的小便宜而误上贼船以致身遭沦丧的事例，即使到了今日仍属常见，可见世间人心之恶与人心之惑总是难于避免。想要避免这种祸患，在外出之时就必须保持着最大的警惕——不仅要提防他人内心的恶意，更要警惕自心的迷失，不要因为一时的失察而陷自己于囹圄。

◎交心要慎。人的内心一旦藏了心事总是会产生诸多郁卒情绪，唯有吐露于他人得知方能有所释怀，这便是倾诉的作用。但并非所有人都能成为一个合格的倾听者，即使是自己最值得依仗的朋友，也未必最值得倾诉。生活中往往有一些事情是注定要自己一个人去消化的，告知他人不但不能起到什么作用，反而有可能会陷他人于为难处境。更何况还有一些事情可能会涉及诸多利益牵扯，如果自己一时识人不明而妄言之，就不异于倒持泰阿之举。秘密在从自己口中说出之时便不再是秘密，如果攸关重大就必须管好自己的嘴。

◎人心要防。人与人之间的往来才是社会的常态，即使是生性淡漠不喜热闹的人，多也只是因为没有遇见与自己同道同谋之人而显得有些疏离，但在同道的彼此往来之间，也自有其热情洋溢。但世间人心复杂难以以尺衡量，在各形各色的朋友之中，又岂有人真能看透对方的全部心意，保证对方与自己的种种交往完全是发自一片热忱友善？古往今来，轻信身边之人而与之图谋，最终反遭出卖陷害的人不可胜数，即使是同宗之亲也难以防备，对于外人又岂能尽信？况且世人心性各异，即使不怀恶念也会因自己的性格态度而做出错误应对，致使波及他人，因此防备人心不仅仅是基于对方恶念，更是对方一切不利自身的心念。

◎异道不谋。人生难得一知己，但也唯有知己才值得同谋。人与人之间的彼此理解很难达到，与自己理念相悖的人即使是开诚布公地交流，也往往很难得到尊重与认可，要想与之共谋就更是天方夜谭。更有那些心性偏激的浅薄之辈，对于异见不仅没有起码的尊重，更会自居正义标榜道德而党同伐异，为异见者扣上诸多帽子大加鞭挞攻击，若想与这类人解释沟通，又何异于对牛弹琴？身处价值观多元的现今社会，要想找到与自己理念相近的人并非难事，对于理念差异的人更是不必浪费精力做无谓沟通，各行其道方显坦荡大气。

◎缘不强求。“缘分”二字在文人笔下、书本之中着实是一个很美的词汇，在现实中也绝非虚无缥缈不可捉摸，只不过世间事终究难以如同故事那般美好，人即使真的有幸遇到，也不等同于可以牢牢把握。如果一味执迷于追求缘分，苦恼于错失缘分，不仅无益于当下，更会耽误未来。虽说人活在当下就必然为当下烦忧，看开之说未免有站着说话不腰疼之嫌，但倘若能保持一份对遇到缘分的欣喜、感念之情，就或多或少能够缓解自心的郁结，对于寻不得或是错失缘分也能够用更加坦荡的心态去看待。

【杨溥家训故事·不逞权势】

不谀权贵才是真贤明

杨溥虽然是明朝内阁重臣，但在其教导下，其子女都居于乡下，很难见到老父一面。

有一次，杨溥的儿子从湖北老家赶赴京城探望父亲，由于是宰辅的儿子，一路上受尽了各地县衙的欢迎招待。等他到了京城，杨溥便问儿子一路上可曾见到哪地的官员贤明有道。儿子便告知杨溥，一路上唯有江陵县令范理是个不贤明的，其余各地官员都十分有道。杨溥便追问原因何在。儿子回答说，自己身为宰辅之子，一路上各地官员理当恭敬招待，可偏偏范理疏于迎问，态度十分淡漠，招待十分简单。杨溥听后不仅没有宽慰儿子，反而严厉批评他说，身为小小县令却能够不慕权贵，把宰辅之子与寻常百姓等一视之，这正是为官贤明有道的表现，身为宰辅之子不知修身检点，倚仗权势威吓州官，这才是自己失德的表现。于是第二天上朝之时，杨溥便果断上书推荐范理，提拔他担任知府一职，后来更升任贵川左布政使，高风亮节令人钦佩。

孙奇逢：教诫子弟是第一要紧事

家运之盛衰，天不能操其权，人不能操其权，而已自操之。

——孙奇逢

孙奇逢是明末清初的一代理学大家，虽然比之儒门心、理两派诸多大儒贤士名声不甚显耀，但一生也留下了颇多著述，又曾于明天启年间上书朝廷重臣，营救杨涟、左光斗等一干忠义之士，而后又率领家人门生抵御京师盗贼，并广播儒学。明亡之后清廷屡次征召却不应从，隐居著述，其学说与黄宗羲并称一时，更与其和李颙并列为“清初三大儒”。孙奇逢于儒家向来推崇的“立德”、“立功”、“立言”皆有成就，可说不凡。他在结合历代大儒治家格言的基础上写下的《孝友堂家规》也处处体现了他的宗师气度：

◎乐道安贫。为人如果不辨道德仁义，即使富贵也只能助长他的恶行，最终使其沉沦恶道、反遭其咎，而良好的德行却可以使一个人即使身处困顿也能谨守原则、不犯禁令，保全自己的声名，由此可见仁义之道与荣华富贵的高下之别。而且富贵源自身外，不能有求必得，而仁义却是心内之物，只要为人勤勉修身就必然可以有成。舍近而求远并非明智的处世之方，如果为追求富贵而丧失自己的理性，埋没自己的良知，倒不如保持对困顿处境的坦然之心。

◎交友诚信。孙奇逢告诫子孙“勿欺以交朋友”，是因为其深知信义难以建立。世人内心纷纷扰扰各怀复杂心思，常人与他人交往之际颇多提防反而是谨慎身家安危的理智之举。在这样的氛围下，能够彼此信任互相依仗的朋友之谊就显得十分可贵。因此与朋友相交不可心存欺诈，任何可能引起两人关系裂痕的事情都应当引起正视。对于相处之中的种种顾虑之事应当摊开讲明，不可采取隐瞒的措施，致使彼此产生嫌隙。连朋友都不能坦诚相待的人很难得到他人的认可，也难以在社会上立足。

◎正视贤豪。与人相处是一门学问，与出类拔萃的贤豪之士相处就更有其讲究。对于贤人豪杰首先要有足够的尊重与重视，这不仅是对于其人的尊重，同时也是对其所代表象征的正道洪流的一份认可与倾慕。这种尊重的态度也是对个人精神的一种洗练。此外，对于这类人中佼佼者也要保持一份不卑不亢的精神，即使远远不能与之相比也要有凡人皆可成圣贤的上进之心，卑躬屈膝、自暴自弃或是不屑一顾的态度是决然不可取的。正视贤豪其实就是正视自己的内心与潜力，唯有深刻认识此点才能不断精进。

◎安守本分。不义而富贵为圣人所不取，不仅是由于违背良知不能安心，同时也是由于这样的富贵非但不能长久保持，还会使整个家族都蒙受祸害的缘故。因此比起不择手段地追求金钱以富家，更重要的是以善道治家。治家之道贵在告知后世子弟以仁义为本，修养自己的善德与笃行。若能如此，不论子孙身处何等境地都能做到言行不背仁义，就能够避免逾越犯禁，损害自己的生命清誉。尤其是处在时局动荡、改朝换代的昏昧时代，朝廷屡招而不从的孙奇逢的这一家训就更显得耐人寻味。

【孙奇逢家训故事·率族御侮】

垂老出门值岁寒，萧萧书剑伴征鞍

孙奇逢身处明清交替的动荡时代，当此之时，诸多操守高洁的知识分子都以天下国家民族为己任，对于后金政权的入侵发起抗争，孙奇逢也是其中之一。

崇祯九年，后金改国号为“清”并对明朝发起进攻，孙奇逢的老家容城也遭受了侵略。面对这一危急情势，孙奇逢没有躲避，而是果断率领家族子弟和城内百姓抵抗八旗兵马。在朝廷放弃抵抗之后，他又率领宗族百姓深入山中立寨自保，同时不忘教授儒学大义。直至后来天下大势已定，满清入主中原，孙奇逢才又带领家族子弟南迁，历时半年方于辉县停止。在南迁之时孙奇逢更写诗一首以做记录，诗曰：“垂老出门值岁寒，萧萧书剑伴征鞍。离家百里烟云隔，冻馁方知行路难。”

张廷玉：处世大端在于立心守善

君子有三惜：此生不学，一可惜；此日闲过，二可惜；此身一败，三可惜。

——张廷玉

张廷玉是清朝著名的大臣，也是康熙年间著名的“让墙宰相”张英的次子，连同其子张若霭在内，祖孙三人都颇受康、雍、乾三代帝王的青睐，尤其是张廷玉与父亲张英二人一为帝师，一享太庙，赢得了“父子宰相”之称。张廷玉入仕之后多次跟随康熙帝巡行，并于康熙晚年在官场上崭露头角，雍正即位后更是将其视为治国主要助手，军机处的主要制度几乎都是张廷玉制定而成。因为在雍正朝的杰出贡献，张廷玉被破格赐予配享太庙的待遇，满清 200 年间的汉臣唯有张廷玉有此殊荣。张廷玉的父亲张英曾有《聪训斋语》这一家训传于后世，张廷玉不亚乃父，也为后人写下《澄怀园语》一训，后世也合称为《父子宰相家训》。《澄怀园语》是张廷玉毕生修身处世之道的总结，对后人产生了巨大的影响。

◎护宝不如护心。珍贵的宝物人人爱，究竟什么才称得上是最为珍贵呢？一样事物的贵贱美丑，都是源自人心的认知，因此要说贵重诸宝之首，莫过于“人心”二字了。如果一个人心性偏邪，就必然步上歧途，行路越远就祸患越大，直至遭受灭顶之灾万劫不复，令人不可不慎。偏偏有的人不分主次，沉迷于贵重的外物而迷失了自己的心灵，丢失了人心善德的可贵，这种做法与买椟还珠、削足适履又有何本质区别？不仅没有区别，后果反而更加严重。因此以外物为宝终究不如以心为宝。

◎言行虑及他人。人与人之间总会存在争议的观点，如果不分场合，沉醉于自我表达之中，轻则使场面出现尴尬，重则引起彼此的纷争，反而不美。此外，自己的言谈所说也有可能会使他人想起一些不愉快的经历，又或触及他人的底线。即使是日常的言谈也应当合于善道，尽可能顾及他人情感。

◎病丧不怨医生。生死本是人生定数，一个医生再精于医理，也不等同精于命理甚至天理，即使是尽最大的努力也有挽不回的生命，这种悲剧本就不可避免，并非医生之过。但有一类病人亲属，或是出于对苍白现实的悲痛与无力，或是出于乘机谋利的邪恶居心，将本不存在的过错推给医生，将自己的怨恨与奸宄发泄在医生身上，甚至因此造成更大的悲剧，这种“医闹”的做法可以说极其恶劣。如果医生本人确实没有差错，病患的家属就应该正视现实、接受现实。

◎不信算命之言。人生虽该不畏苦难，却也断然没有自寻苦难的道理，精心准备、趋吉避凶，以求最顺利地取得成功才是最可取的做法。有一类人为求人生顺遂，就迷信卜筮巫蛊之言，将自己的祸福之事全部寄托于术数算命一说，这种做法既愚昧，又懦弱。正身诚意，发自内心尽最大的努力去谋划、准备，做到面对各种困境保持最大限度的稳定有序，这才是正确的趋吉避凶之道，又岂是可以通过外物求取得到？将希望寄托于谶纬之言，到头来只是麻痹自己而已。

◎心乐不在外物。人辛苦奋斗一生，所为不过是追求快乐幸福的生活，但真正的快乐又该向何处寻求呢？若说在于金钱，可世间常有夜不能寐的富贵之家；若说在于权势，可历朝历代不乏日夜忧惧的贤君；若说在于纵情，可欢笑过后满身风尘一脸落寞的身影又有多少呢？人的种种情绪虽是由外触动，但更是由心而发，一味向身外去求取快乐的人，最终往往是拖累身心更加困顿疲弊的居多。只要能够保持内心的安宁和乐，即使置身于寻常市井也可以寻找到温馨感动，这才是心乐的根本所在。

◎处静更有裨益。厌恶孤独是人的正常心理，即使是今时所谓的“宅”，往往也只不过是换了一种渠道和方式完成与世界的互动，终究没有跨越孤独。但远离孤独最根本的是学会处静，而非一味地追求与大众相处。一味地迎合大众，到头来也只是身处喧嚣而内心更加清冷无依，如果为此损耗自己的精力，不但会使自己精神困乏昏聩，更会耽误自己的正常生活，反倒不如学会闲静自适更好。只要内心有所寄托，闲静独处的时光就绝不是阴霾，而是自我闻达求进的大好时机。

◎拒绝亦可直言。不合情理的要求是断然不可答应的，但比答应更难的是如何拒绝。人类社会人情无处不在，对于我国来说更是如此。多数情况下，出于对彼此情谊的维护，常人面对不合理的诉求是采取婉转的方式来拒绝，这一做法可谓友善。但是，过于婉转的态度有时反而会让对方觉得事可转圜，心存侥幸妄念。在这样的情形下，与其一味地和对方扯皮，倒不如简洁明了直言断定，断绝其非分之想。这样一来即使会在两人情谊之间留下嫌隙，也可真正维护对方的利益，实质上更是仁善之举。

◎不因自负受欺。面对高明的欺骗言辞，即使是再聪明的人也有一不小心着了道儿的时候，终生不受他人欺瞒这种事断然是不存在的。自恃聪明才智可以看穿一切的人，到头来往往是被骗得更加不堪、损失更加惨重。资辨捷疾、闻见甚敏的殷商末代君王纣王就是最好的说明。人生处世不可缺了冷静与谦卑，越是抬高自己的能力，就越是给别人留下可乘之机。人一旦过于自负，再多的聪明才学也只会成为智慧障。

◎读书不必附会。追慕圣贤而读圣贤书岁是值得赞赏的行为，但如果迷信圣贤之言却又偏离了读书正道。亚圣公孟子曾言：尽信书则不如无书。圣贤和今人所处的时代终究是有差别的，圣贤书的意义除了培育读书人的善德之外，便在于能够从中找到有利于今世的道理。如果因为对圣贤的敬仰就盲目附会书中的道理，以此标榜自己的善德或是显耀自己的广博，读书再多也只不过是一介粗鄙卑陋之人罢了。

◎释怨贵于结欢。怨恨是一种很可怕的情绪，往往因一点他人所不察的小事就在人的内心深处滋生蔓延，吞噬人的理性，甚至酿成前所未有的悲剧。因此为人要立身于正、行事于正，尽量避开任何与人结怨的可能。一旦与人有所摩擦，不论是非在谁都要以和解为上，切不可使怨隙长存并扩大。即使自己交游再广、朋友再多，也不能抵消一份怨恨对自己和家庭的隐患。一旦怨恨深深扎根，即使是后世的子子孙孙也会卷入其中，这种危害对于双方而言都是十分巨大的。

【张廷玉家训故事·拒收名画】

我无介溪之才，汝有东楼之好矣

张廷玉的长子张若霭也是一位自幼聪颖、精擅书画的文士，并且年纪轻轻就中了进士。张廷玉对于这个儿子也十分得意，经常对他进行教导与交流。

有一次，张廷玉去一位下属官员家里做客，对对方家中挂着的一幅名画十分欣赏，直至回家与儿子谈起之时仍然赞不绝口。张若霭眼见父亲对那幅画如此钟情，便擅自暗示那位官员将画“送”来。等到第二天张廷玉退朝归家，一眼看到那幅画被挂在自家堂前，不由得震惊地斥责儿子“我无介溪之才，汝有东楼之好矣”。介溪，是明代奸臣严嵩的字；东楼，则是严嵩之子严世蕃的号。严氏父子曾经倚仗权势欺瞒皇帝、祸乱朝堂 20 年之久，期间横征暴敛、迫害贤良不知凡几。张廷玉以严氏父子为喻，可见其对儿子这一做法的严重不满。在他的斥责下，张若霭最终跪下请罪，并将画退回了原主。

蒲松龄：以此省身，便可接近人生大道

欲读天下之奇书，须明天下之大道。

——蒲松龄

“写鬼写妖高人一等，刺贪刺虐入骨三分”，这是近代文学家郭沫若对蒲松龄这位清代著名文学家的评述。蒲松龄生于清顺治年间，自幼博览经史之学，并在 19 岁那年参加县、府、道考试时便夺得第一，考中秀才。常人故事若知此处，接下来便该是一路破关青云直上，偏偏蒲松龄在之后的考试中屡次不中，直至年高之时才被补为贡生。虽然在读书仕宦一路上无所成，但蒲松龄却在文学一道上成就非凡，其代表作《聊斋志异》被视为是我国艺术价值成就最高的一部文言文短篇志怪小说作品集，鲁迅先生也称其为“专集之最有名者”。除了《聊斋》，蒲松龄还著有教人修养身心《省身语录》一书，虽然今已散佚不全，但余下之中仍旧多有值得人反躬自省之处：

◎修德不求获报。修养品德是常为人所忽视，但又于人生意义非常的大事，因此能够不忘以修德作为人生本业的人可称得上是贤良。但修德的意义何在，即使是修德之人也有所不知。除了闻道大笑的下士，诸

人都能闻道而向道，但除了向道的诚意多寡以外，有很多人也对修德的认识有所偏差。修德并不能给人带来直接的物质利益，至于虚无缥缈的福德善报就更是难以探究。如果心中是怀着对这些善报的期盼而修德，虽然也不是奸恶的想法，但终究是修德的思想障碍。修德一事只在求仁得仁而无怨，除此之外任何思谋都是多余的。

◎忘我不生烦忧。人心中一旦生出烦恼，便难得保持积极的生活状态，因此摆脱烦恼是人人所求的。但人生只要有所思虑，就很难摆脱烦恼，这是因为人就算可以不在意他人、外物，也很难不在意自身。只要还存在自我的思维想法，就必然会因与自身相关的人事产生种种想法。为此蒲松龄自省"要以忘我为乐"。忘我的境界并非只有通过宗教的理念与修行方式才能达到，只要能够找到重于自身的意义所在，就自然可以从源头上摆脱绝大部分的担忧。因此，"忘我"其实不仅仅是出世隐士一流的道路，其实更可以成为积极入世人生的选择。

◎打好人生根基。世人不论是要追求轰轰烈烈的精彩还是平平淡淡的幸福，都离不开一定的人生基础。即使自己无心于世间繁华、人心斗争，这些困扰也会在不经意间找上门来。人如果不懂得居安思危，在面临意外的变数时就必然陷于困顿的境地。"追求平淡而又不惧风雨"，只有保持着这样的态度去经营自己的人生，才有可能追求到平淡，如果没有稳固的根基，所谓的甘于平凡就是时时刻刻陷自己与家庭于无形的风险危难之中。这就是蒲松龄"花繁柳密处拨得开方见手段；风狂雨骤时立得定才是脚跟"的道理所在。

◎处境全看心意。人生的不如意处境总是难以人力去改变，与其浪费自己的精力做无用功，倒不如调节自己的心态来得更为明智和有效。虽然"全看心意"由旁人说来难免有站着说话不腰疼之嫌疑，但当事人也往往会在事情过后回首当时的窘态而失笑，这就说明看心意终究还是有些效用。看心意实质上是先入为主的主观心念在发挥作用，抱着何等心态自然就会基于何种立场去看待问题，自然也就只能得到一致的回应。因此看待事物最佳的心态就是从积极方面着眼，如此一来原本艰险的处境也将大有不同。

◎忙里亦可偷闲。进入现代社会，生活的节奏愈发加快，成人的工作负担越来越重。但高强度的劳作不仅对于身体是一种摧残，对于精神同样会施以巨大的压力。何况身为成人不仅有养家之责，还有顾家之责，如果不给自己留出空余时间就无法真正爱惜好自己，并尽到家庭的责任。出于以上顾虑，在繁忙的工作中就要善于利用碎片时间，或是合理安排进度以保证自己的休闲时光。工作再重，也不能让其重过自身、家庭，这一省身观点对于当今那些忙于公事而疏于家庭交流的人来说最是值得考虑。

◎好处不可尽占。在同一个社会上为各自的人生奔走，一个人即使并没有与他人发生利害冲突的想法，即使是采用不违背良善的正当手段，共同的需求也往往会使得双方不得不面对彼此的存在，产生微妙的关系。自己所谋求的利益固然是自己所需，但更多时候仍旧可以为他人留下余地，当此之时最合适的做法就是释出自己的善意。这一做法的背后也是自己内心仁德的体现，也是对自己仁德的巩固进修之举。不仅如此，为他人留下余地实质上也有可能会为自己带来另外的利益，只不过不该以此为出发点罢了。

【蒲松龄家训故事·不轻少年】

是亦将雨之云，而未雷之电

蒲松龄虽然是生活在封建专制社会的古人，但他毕生都以教读为业，因此对于少年儿童的教育与其心理的认知都别有一番体会。在蒲松龄看来，即使是资历浅薄的青少年，身上也蕴含着能够震惊天下的潜力，因此对于青少年应该予以充分的肯定和重视。

在蒲松龄写给友人的书信中，处处可见其对少年一辈的赞赏鼓励。

蒲松龄更以“将雨之云”、“未雷之电”作为比喻，说明青少年虽然年纪尚轻还未有什么作为，但那也不过是时间问题而已。作为长辈要在一开始就对青少年的智慧、思想和能力有足够的信心，何必要等到他们功成名就之后再露出惊讶的表情。

黄炎培：勤于探求真理，坚持大是大非

理必求真，事必求是，言必守信，行必踏实。事闲勿荒，事繁勿慌；有言必信，无欲则刚；和若春风，肃若秋霜；取象于钱，外圆内方。

——黄炎培

黄炎培是中国近现代史上一位杰出的教育家，在光绪年间便已与张志鹤等人一道上书朝廷开办公立学堂，并在不领分文薪金的情况下，一人担负学生的诸多课业，并且还挤出时间与他人一道编写了七万多字的中学历史教材，可见其对教育的重视。清政府灭亡后，黄炎培更是多方奔走，组建教育研究会、创办教育杂志、筹建图书馆，为中国的教育事业做出了不可磨灭的贡献。黄炎培对“知行合一、个人发展、有益社会、与时俱进”的教育理念尤为推崇，并且终其一生也确实在为这种目标而尽心尽力。黄炎培不仅对教育有精深理解，对于历史政治也有独到见解，他与中华人民共和国开国领袖毛泽东关于“历史周期律”的对话，至今仍是国家领导者和社会学者所深思的问题。黄炎培曾给儿子写下 32 字的座右铭，避开经国大事而专讲为人必备修养，这也体现了他注重个人发展的教育思想：

◎寻求真理。人人口中都能总结出几句从自身经历出发得出的道理，但这些道理是否具有普遍适应性，是否足以成为自己人生前进道路上的指导，就不可一概而论了。世间更有很多似是而非、颠覆正法的所谓“现实道理”，其实不过是蛊惑人心偏离善道的妖言邪说一流。真正的道

理是那些可以流传千世而为人所重视奉行的，有的十分简易通俗，但也有一些精微奥妙，不一而足。但不论显眼与否，这些道理才真正是需要人去信奉、践行的，违背这些道理去做事，必然会导致失败。

◎善用闲时。人生苦短，偶能偷得浮生半日之闲实在是惬意之事，但这份惬意时光要如何运用才是对自己最为负责的做法，其中也大有计较。有的人内心偏好享乐放纵，将这段时间完全用来发泄堆积在自己内心的种种思欲，虽然可以舒缓心情，但一不小心过了头，反而加重了身心的负担，辜负了“闲”之一字。所谓放松，其实并不等同于宣泄，更多是对自己身心的调养，使自己保持更加充沛的精力。闲时固然不用为生活辛劳烦忧，但也完全可以通过做一些其他有益身心的高雅之事来度过。

◎事多不乱。事情越是繁多，人就越是容易分散精力、手忙脚乱，事情的结果也就越是容易不尽人意。要想避免这种情况，最佳的做法自然是事先有所规划、安排，以此做到有序进行，但事情的出现往往突如其来，在事先没有料到的情况下，就只能通过保持冷静的心态去一一面对了。临大事而不改沉稳之色是古圣贤十分推崇的气度，这份气度不仅能够体现一个人的修养，更侧面体现了一个人的能力。所谓“君子坦荡荡，小人长戚戚”，遇事慌张束手无策，往往说明了一个人不足以担当大任。

◎和肃有分。世间的每个人、每件事都充满了不同，善恶、贤愚、高下、是非各有其分别，因此也就不能用同一种态度来对待。一个人在面对“恶”、“非”等一类事情时如果没有用最严肃的态度去对待，往往说明其人在大是大非问题上的迷糊，这是十分值得注意的细节。此外，如果对待是非之事都用同一种态度，也无疑是对善的不敬和恶的纵容。这种态度极其容易让那些以自己行为作为参考的人产生误导，这样一来自己的态度就有可能使他人的行为出现偏差。对是非之事摆出明确的态度，不仅是对自己内心的拷问，也是对他人的引导之义。

【黄炎培家训故事·小事见大】

从小学会照顾自己，长大才能为国为民做实事

黄炎培教育子女从来都不是一味地讲大道理，而是结合生活中的细微小事来指出子女的错误，并告诉他们如何改变观念。

有一天晚饭后，黄炎培趁着孩子们都在家的机会，故意避开家人来到楼上的书房里，把一个鸡毛掸子扔在地上，然后大声呼喊子女们，说自己有急事需要他们赶紧过去。大女儿第一个进了书房，看到鸡毛掸子在地上于是赶紧绕开来到父亲身边；小儿子则直接跨着鸡毛掸子过去；小女儿干脆直接一脚踢开了鸡毛掸子。黄炎培的夫人也不明所以地跟了上来，看到地上的鸡毛掸子随手将它拿起，拍干净后放到了一边。

黄炎培于是问子女们是否看到了掸子，孩子们说看到了。黄炎培又问是谁拿起了掸子，孩子们说是妈妈。于是黄炎培质问子女们为何自己不知道主动捡起，并告诉他们凡事要从小处做起，只有小时候就勤做家务、懂得自理，长大后才能成为国家需要的栋梁之材。

做事之要

王昶：洗尽人生铅华，复归心于仁善

夫富贵声名，人情所乐，而君子或得而不处，何也？恶不由其道耳。患人知进而不知退，知欲而不知足，故有困辱之累，悔吝之咎。

——王昶《诫子侄》

王昶是三国时期曹魏政权的大臣，极富战略眼光，更是一位将帅之才。虽然比起三国历史上的诸多名将，王昶没有什么太大的名气，但他自少年时便是当地的一位名士，更在曹丕登基之前担任太子文学，因此曹丕即位之后，对王昶也委以重任。王昶在担任洛阳典农一职时，以自己的勤劳带动当地百姓开垦了大量荒田，并写了许多有关制度与兵事的书文，上奏朝廷。不仅如此，王昶更在征伐东吴、平定淮南等战事上立下大功，因此被封侯爵。王昶崇尚谦冲之道，因此在给子侄起名时也依照谦冲之意，更写了《戒子侄》一文作为说明：

◎不慕浮华。即使在写文一事，过于华丽的辞藻也不是主流所认可的，更何况于做人一事呢！世间虽然五色缭乱、五音纷杂，但真正有益于人生、值得人生去追求的却多在心内而非身外，如果颠倒主次惑于表象，不仅无益于人生的幸福追求，更会对自己的身心造成损害。过于重视外在的浮华，内心就会趋于肤浅；内心肤浅就会偏离真善真美，近于恶俗虚伪一流。何况外在的浮华求之不尽，如果心念羡慕于此，就会使自己的内心更加贪婪而失去最可贵的恬淡平静。人心一旦失去冷静，人生便会有颠覆之虑。

◎不结朋党。与人交友也有道可循，不可盲目地彼此依附。如果不辨对方是否贤德，或是为了不正当的利益而随意与他人交往、依附，不但不能给自己带来帮助，反而会将自己卷入更加不利的事件当中，这样一来反而是得不偿失。古人崇尚处淡的君子之交，固然是由于平淡的情谊更加深沉可贵，但也不乏彼此为对方考虑，不愿对方受到自己拖累的仁慈考量。不结朋党不仅可以避免自己蒙受灾祸，也可以避免因自己失德而拖累他人。

◎不要掩人。别人对待自己的态度，往往就是自己接人待物时的态度，如果不希望别人用自己不喜欢的方式来对待自己，自己也就必须释出更大的善意与理解包容。出于追求名利之故，人都需要努力表现自己的能力，发挥自己的才干去竞争，但这种竞争却不意味着可以无所不用其极，用不正当的手段去干扰别人、影响别人的正常发挥，或是好出风头，为了吸引别人的眼球就各种招摇撞骗，故意阻碍别人。这种做法即使出于无心也会带有强烈的寻衅意味，要是有意而为别人又怎会不心生厌恶嫉恨呢？

◎不厌人劝。被别人反复地强调一个问题固然是很烦恼的事情，但一件事被人反复强调，往往也就意味着要么是事情关系重大，要么是被劝者没有长进。不论是哪一种原因，都是需要当事人加以极度重视的，哪里有工夫、有资格去心生厌烦呢？有的人被劝急了甚至还会恼羞成怒，这就更是毫无道理的态度与做法了。面对劝告，首要的选择是针对事情进行思虑，而不是针对人去表达自己的不满等负面情绪。同时也不可抱持着“左耳进右耳出”的无所谓态度，一旦他人都失去劝诫自己的耐心，自己也就走向了蒙昧。

◎止谤在己。若要人不知，在于己莫为；若要人不谤，也同样在于己行端正。丑恶的行径是世人共同厌恶的，如果犯下了错误就不要对别人的指责和批判心存侥幸。唯有正视自己的错误、勇于改正，才是对世人质疑的最佳回应。而且心中对信任的重建要有足够的认识，即使改正了错误，也不能奢求别人立即就能够相信自己，而要更加严于自律，慢慢赢回他人的信任。当然，即使是做到这一地步也不能保证彻底地平息诽谤，除了严于律己，更要采用最温婉最合理的态度来面对可能的争议，而不能一味以“身正不惧影歪”自我麻痹。

◎进退合宜。世间之大无奇不有，也无恶不有，有很多自己看不惯的社会现状不仅能为自己所见，有时也会将自己卷入是非浪潮之中。身处这种背景该如何选择，也就成了每个人无法回避的问题。在讲求大仁大德的圣贤看来，首先无论如何都不能与世俗同流，而要保证自己内心的端正。但秉持端正也要合乎人情，因义而舍身是在最迫不得已情况下的无奈之举，千万不可因自己的脾气固执与心性极端而做出背离正道的选择。人生的进退说到底是为了保住自己的身与德，伤害身心的选择同样失于端正。

【王昶家训故事·教子质朴】

遵儒者之教，履道家之言

王昶虽然在三国的历史上并不出名，但确确实实是一位国家栋梁之材，并且品行高尚，因此在史书中有“国之良臣，时之彦士”的八字评价。王昶不仅自己崇尚朴实、不慕浮华，也希望后世子弟能够用同样的态度去做人，于是在给他们起名字的时候也寄予了这一心意。

王昶在给兄长的儿子和自己的儿子起名的时候，特意选用了“默”、“沈”、“深”、“浑”四个极富道家色彩的字作为本名，更用“处静”、“处道”、“玄冲”、“道冲”这四个饱含道家理念的词分别作为四人的表字。为的就是提醒自己的子侄要用儒家的宗旨去修养德行，同时也用道家的理念去调和自己的心性。

王脩：追慕高贤，惜时求进

人之居世，忽去倏过，日月可爱也。故禹不爱尺璧而爱寸阴，时过不可还，若年大，不可少也。

——王脩《诫子书》

王脩是三国时期的曹魏官员，七岁时丧母，20岁时开始游学，先后侍奉过孔融、袁谭、曹操等人。虽然迫于形势而事从多主，但王脩始终恪尽职守，对于旧主也感怀于心，因此深得曹操赏识。王脩在治理地方之时赏罚严明、不畏豪强，深得百姓爱戴，在被曹操委任官职之后也一直尽忠国事，不避危难，被曹操称赞为“澡身浴德，流声本州，忠能成绩，为世美谈，名实相副，过人甚远”。王脩写给儿子的《诫子书》言辞恳切，条理清晰，从中也可见其为人端正。值得一提的是，他的孙子王裒因为父亲被杀而终生不仕，在父亲的墓前种下青柏结庐而居，写下著名家训《朱子治家格言》的朱柏庐，其“柏庐”二字就是来自这一典故。总览其《诫子书》，王脩对儿子的期望主要在于学习、做人之事：

◎珍惜时间。时光流逝追悔无益，纵以孔夫子之睿智亦不免于长叹“逝者如斯”，颇多追溯不及之意，常人更不可不珍惜时间。人之一生虽然有数十年的光阴，看似漫长，但比之沧海桑田的人世巨变不过转瞬之间，何况还要面对生活中的种种现实问题，能够留给自己用来学习提升的时间少之又少。王脩写下这篇《诫子书》时已是迟暮之年，儿子们却不在眼前，王脩一方面无可依仗内心不安，同时又担心儿子们离开家后疏于自律，因此以大禹惜时不惜宝玉的故事作为案例，教诲他们时刻当知勤勉求进。

◎择友慎重。常人心性不同，有贤与不肖之分，也因各自心性而命途迥异，割据一方的枭雄一流更因各自心性而成败不一。王脩先后追随孔融、袁谭、曹操，经历诸多世浪汹涛，深知人性之于人生的重要，希望自己的儿子能够培养良好的品行来作为立身处世的保障，因此劝诫他们与身边之人交往之时要时刻不忘保持谨慎，以免受其不良习气的影响，沦为不知进退的狂徒之流。最重要的是追慕高人贤士，与那些品行高尚之人相交，培养自己的善德。只有这样才能保证自己在处于纷乱的形势之时不受无辜牵扯，保全自身。

◎举一反三。孔子曾对弟子有言："举一隅，不以三隅反，则不复也。"对于在学习中不能举一反三的弟子，孔子就不会再教给他们新的知识，这是一种启发式的教学，可见孔子对于弟子的灵活思考学习能力十分重视。王脩虽非儒门大贤宗师一类，但也曾少年游学，又历任诸多官职，对于儿子的学习问题也有着很高的重视，尤其是自己年老而儿子却求学在外，自己不能多加教导，只能通过家书来告诉他们何为最难能可贵的学习之道。不仅是在学习知识上，在与贤良名士交往之时也要举一反三，看到他们身上的一个优点便要想到在生活的各个方面去运用，这样才能使自己的德行更加完备。

◎不可刻薄。过于刻薄的人总是难于快乐地生活，而且容易招惹别人的嫉恨，尤其是在身处法令条文不彰、人人陷于自危的昏昧世道，过分刻薄得罪他人就更是会令自己蒙受灾祸。王脩曾经侍奉孔融为主，孔融四岁能知让梨，16岁时争先牺牲，可谓知义之士，但长大为官之后言辞犀利锋芒毕露，总有恃才傲物之言，因此为曹操所嫉恨，最终寻找借口将其一家老小全部处斩，落了个可悲可叹的结局。王脩在家书中劝诫儿子要“行止与人，务在饶之”，想来与目睹孔融的下场不无关系。为人处世，不论自己才能高低、力气强弱，都应该做到得饶人处且饶人，也给自己留下宽裕的余地。

◎言行谨慎。为人不仅不能言辞刻薄，还应该再多一分谨慎。孔融身为人臣，面对猜忌心极重的曹操却还不知收敛言辞、尖酸刻薄，可谓是疏忽到了极点。人与人的内心所思所虑皆有不同，言行稍有不当，就有可能冒犯别人的尊严，使别人在内心对自己产生不满甚至嫉恨。尤其是身处官场之中，庙堂之上总有暗流涌动，不当的言行所影响到的就不仅仅是三两之姓，很有可能引起大局形势的变化，因此而影响到整个国家稳定也不是危言耸听。身为人、身为人臣，都当知晓言行谨慎的道理，这样才能更好地应对各种局势。

◎办事依理。天下万事皆有可以把握的规律和应当依循的道理，在处事的时候就必须明察表里，明辨是非，以免处事不当，于他人于己不公而不利。如果做事不依据情理恣意妄为或是有所偏倚，不但会使自己威严不存、公信扫地，而且也会导致失败甚至祸患。地方豪强势力历来为皇权所顾忌，但王脩在担任胶东县令期间，面对不服官府的豪强势力却从不畏惧，态度强硬，一旦其有违法乱纪行为必会严加惩处决不姑息，心中唯情理是依，这正是他的刚正严明所在。

◎早有所成。早有所成并非等同于趋名向利的尽早出名之意，而是要求少年人要尽快寻找到一条属于自己的道。王脩希望儿子早有所成就并非是看重学业，而是以做人为本。人在少年之时由于所知所见有限，因此对于未来颇多迷惘，难以做出毕生奉行的选择，但此时也正是人一生中意气最为风发的阶段，精神体魄也都处于最为蓬勃萌发之时，如果能够志于一道，精学专研，取得成就的可能性就尤其之高。因此切不可白白荒废了少年时光，或者漫无目的地奔波于事却忽略了对人生的长远规划。此外，这也可看作是王脩对其儿子要珍惜时间的一种变相劝勉。

◎不可杀身。曹操曾嘲笑袁绍“干大事而惜身”，但身为其臣下的王脩却教导儿子“欲令子善，唯不能杀身，其余无惜也”，对于善道之所在要不惜一切地追逐，但要以不牺牲性命为前提，虽然比一代枭雄失之魄力，却更多出一份关爱少子之意。孟子曾有“舍生取义”之言，世人对此亦甚为称赞，王脩的训诫虽与圣人之言有所抵牾，但身为人父总有恤子之心，这份抵牾反而更是一片真情流露。常人爱子但求其平安一世，为此多有“事不关己高高挂起”一类背离善道的教诲，王脩虽然也强调“不能杀身”，却是将其作为追求善道的唯一底线，可见贤者教子终究有别于凡俗，值得今人效仿。

【王脩家训故事·论事依理】

责在元帅

王脩一共生有二子，长子王忠，次子王仪。长子王忠曾历任东莱太守、散骑常侍之职，次子王仪则被司马昭任命为司马，担任参军一职。在王脩的教导之下，两子皆勤勉好学，次子王仪更是知书达礼、唯理是从，史书也称其是“高亮雅直”。

公元 252 年，曹魏出动三路大军攻伐东吴，司马昭领左路军七万，直逼东吴东兴一地。但吴国在太傅诸葛恪的率领下，以四万军队以弱击强，结果大破魏军，事后司马昭更因此被削去爵位。

魏军惨败的消息一传来就引起了司马昭的极度愤怒，他生气地质问麾下众人谁该为这场战争的失利负责。众人都唯唯诺诺不敢回应，只有王仪面色不变，坦然直言“责在元帅”。身为司马昭一手提拔的参军却能够就事论事不避恩仇，可见其对父亲王脩的教诲确实奉行不违。但也正是这番仗义执言违逆了司马昭，司马昭在愤怒之下便将王仪处斩。

世间之事难得完满，虽然王脩不愿儿子为善道杀身，但世事总不会时时如意，何况司马昭竟因一怒而杀人呢？王仪求仁得仁，想来内心也可宽慰。

张紘：不避难事，一心求进

夫人情惮难而趋易，好同而恶异，与治道相反。《传》曰“从善如登，从恶如崩”，言善之难也。

——张紘《临困授子靖留笺》

张紘是三国时期的文学家、政治家，在孙权麾下担任官职，并与孙权麾下的另一吴国重臣张昭并称为“二张”。张紘早年四处游学，有感于汉室的倾颓时局的混乱，对于朝廷的征召屡屡不从，并特意逃至江东避难。直至孙策亲自登门邀请，张紘才选择出仕。在孙策死后、孙权继位之初，更是对吴国政局的稳定发挥了巨大作用。孙权对于其他大臣一律直呼姓名，却只有对张紘与张昭加以敬称，可见其倚重。张紘在劝谏孙权完成迁都之前就病逝，死前他特意为儿子留下一篇《临困授子靖留笺》论述帝王之道，既是对孙权的进谏，又是对儿子的教导：

◎挑战难事。舍远求近、取易避难是人们的常有心态，但其实世间真正称得上难的，不外乎是“人心”二字。有的是事情虽然很难，但是一旦做成之后所取得的成就和利益也更大，自身的精神、心灵收获也更加丰厚，因此难事往往可贵，这也是立志高远这一名人常见家训的含义所在。不论是人君帝王也好，平民百姓也罢，不论是想要做好自己的本职也好，谋求生活更加幸福也罢，如果畏缩不前，不去挑战、试验自己的能力，就永远不知道自己究竟能在成功和幸福之路上走多远。

◎不逞偏好。人之所以不愿挑战难事，表面上看来有诸多顾虑，但究其实质仍是出于好逸恶劳的本性。正因人心有所偏好，所以在为人处世的时候就难以避免偏颇的想法观念和行事手段，因此与机会失之交臂，或是犯下难以挽回的大错。这也是“傲骄任性”可能带来的负面结果。尤其是身处关键的位置与时刻，负责重大的事项与决策时，就更要保持内心的冷静平和，摈弃一切杂思的干扰，让自己的心在最佳状态下去选择、决定，然后做出实际行动。

◎不信歪理。出于猎奇心理和自我表现、自我标榜的心理，常人，尤其是年少之人，对于那些口耳相传的正道理念往往斥以“老生常谈”，心中多有不屑贬斥之意，却对于一些似是而非、颠覆常情的言论大为追捧。时代进步、衍生新论本是固然，但这些广受追捧的新奇理论背后往往却不单纯。这些理论观点往往也是出自同样的标榜心理而于人生无所裨益，甚至是对仁德善道的颠覆、扭曲。如果信奉这些歪理，人的观念、行为也都会出现偏颇，不论是帝王还是平民，都会因此失当、受害。

◎不忧忽视。付出努力而不成功对于人来说还不是最为可怕的，可怕的是自己的付出不为人所看到、认可。自己所注重并为之付出的一切被他人漠视，这种孤寂感往往更令人哀绝。为此孔夫子曾有将心比心的“不患人之不己知”之言，更多的人需要的是如何面对这种情境。为人注重而喜，因人忽视而忧，都可说是过于注重他人眼光的不自信行为，抱持着这样的心态，自己本该完成的事业也都会被延缓。做好自己应该尽力之事才是第一要务，不论忍受何等漠视与孤寂，都应该常常抱持求仁得仁的豁达心态。

【张紘家训故事·因能遭忌】

孔丘岂是帝王耶

张紘在《临困授子靖留笺》之中特意告诫儿子要能忍受苦难与耻辱，以便保全自身、有所作为。在他的教导下，其子张玄虽然才能有限但品性清高，官至太守、尚书。其孙张尚聪颖善辩。

孙皓是吴国的末代国君，也是史上有名的残暴皇帝。由于妒忌心的作祟，孙皓对比自己聪颖的张尚十分嫉恨，于是向他多次求问天文自然及诗书道理。有一次，孙皓在询问自己的酒量时，张尚以孔子的“百觚之量”作答，被孙皓借题发挥，因此被投身下狱。虽然大臣们百般求情，但孙皓最终还是处死了张尚，令人叹惋。

李商隐：言行之间必须与“人”相称

历览前贤国与家，成由勤俭破由奢。何须琥珀方为枕，岂得真珠始是车。远去不逢青海马，力穷难拔蜀山蛇。几人曾预南熏曲，终古苍梧哭翠华。

——李商隐《咏史》

李商隐是晚唐时期的著名诗人，与杜牧合称“小李杜”，又与著名的花间词人温庭筠并称为“温李”，其诗风格新奇瑰丽，又不忌追求刻意而为的美感，在整个唐朝诗坛之中都堪称别具一格。李商隐不仅是一位追求诗文美感的文人，同时也热衷于出仕为官，但是偏偏天意弄人，缺乏家庭背景的李商隐在仕宦之路上先后经历科举不顺、长官刁难、母丧丁忧、爱妻逝世等诸多坎坷，更因卷入“牛李党争”而受尽排挤，最终心灰意冷，不再以仕途成功为目标。李商隐除了诗词骈文之外，还创作有《义山杂纂》一书，其书以诙谐幽默的种种故事为例，阐述为人治事的诸多道理，其中有许多堪为今人准则：

◎困顿不可讲究。虽然人人都向往美好的生活条件，但若要达成却绝非一朝一夕可成，就连追求的道路上也同样要经历困顿。有的人虽然志在高远，但缺乏谦恭卑下的品德，身处困顿不知收敛进退，反而一味强调诸多要求，比之条件胜过自己的人都难以伺候，这种行为又怎能称得上明智。懂得人生的进步之途诚然足以称道，但更重要的是懂得如何后退。如果不顾自身所处环境和条件，蛮不讲理地进行刁难，实际上不过是和自己过不去罢了。懂得认清现实，尊重现实并非是不知上进，相反这一心态更能有助于自己的前行。

◎待客不可失礼。“礼”这一字自古以来便可说是中国形象的标签，当今国人对此多有丢弃，因此就更要将其保持于心。人人都有亲朋好友，平常生活中他人也少不了有登门拜访的时候，身为东家于此时就更不可失礼。唯有秉持着“礼”字，在接人待物之时才能最大限度地表明自己的尊重欢迎之意，表达自己对于彼此之间情谊的维护与珍惜之意。在这一问题上如果疏忽大意，致使客人心中有所落差、不满，身为主人失掉的就不仅仅是礼节，也是一份珍贵的人情，更是自身的品性。

◎不做煞风景事。世间人人喜好不同，交往之时正不失为切入点，这也正是增进彼此了解的渠道。偏偏有一类标榜自我个性的人，常好在他人面前贬抑对方喜好，大煞对方心情，事后却嘻嘻哈哈不以为意，这一类人的行径最是令人弃嫌。人与人之间的偏好差异正体现了今时社会价值多元的现状，如果不违背仁义就理当得到尊重与理解。此外还有一类不通人情的愚人，常常不明他人心意却偏好做一些凸显自我的事情，徒然令人不快，这可说是情商的低下。为人处世应当以持重、端正来要求自己，避免做出一些坏人心情的拙事。

◎善用富裕家资。富贵的生活是多数人所向往的，但在富贵得偿之后的生活方式选择上，很多人却失去了追求财富之时的睿智眼光。纵观古往今来，许多贫家士子虽欣慕于圣贤之道，却因生计匮乏而难以为继，因此留下多少遗憾！而那些富贵之家的弟子，衣食无忧生活美满，若能致力于学业上进之事，必能取得远超父辈的成就，更加彰显自身的优越，偏偏大多数的选择最终都指向了败坏家业一途，最后连自己都不能保全，同样留下多少遗憾！富贵之财若不能使自身精进，就必将沦为伐戮自身的锋刃，如何善用富贵家资，又岂是一件小事？

◎不说他人私事。君子虽无不可对人言之事，但无不可不等同于有必要，这是人之常情，更何况德行还不足以称为君子的常人，一生中必然有几件难以启齿的私事，只有对此予以充分地理解与尊重，才是良善的普世之德。私事不等同于坏事，即使有所争议，往往也只是涉及当事人一身，为其隐瞒不会有损公德，将之公布反而是对他人的伤害。如果对他人缺乏仁德关怀之心，放纵自己的好奇心，或是打着正义的旗号口无遮拦，反而是凸显自己内心丑恶的卑劣行径，但凡有识之人都不会亲近。

◎不可无赖占便。社会上的人情往来之中，交往双方有时会释出一些小小善意作为对彼此情谊的尊重，对此本该有所谦让，万万不可视为理所当然，遑论是以此为甜头，一味占取别人的便宜了。即使对方于物质上并不介意，但时日一久也会在德行上看清自己的亏缺，如此一来反而是失德于人。更有一类人蝇营狗苟于此，专好不请自来的蹭便宜举动，表面上看似得了大家的欢迎，却不知别人在背后对自己有何等的鄙夷，因此而被众人在心理上排除在外。这类人一旦陷入困境就会彻底陷入孤立，到时即使再为悔恨，往往也无济于眼前了。

◎尊重一地风俗。不合时宜的行止举动是人生处世的大忌，尤其是面对异地异国之民的时候，不合时宜的举动就更是会上升到自己难以挽回、承受的层次，对此要特别注意。即使是无心犯下的过错，也会使他人产生不快，如果触犯到对方的大忌，影响就更是不佳。还有的人出于自己的自傲自恃心理，对于他乡他国的风俗抱持着异样的眼光，故意加以寻衅，这种行径就更是令人愤怒。身处当今时代，走出国门踏上异土更是十分容易，因此更要知晓自己背负的国家形象，对于他乡风俗更要有所了解、尊重。

◎不妄动他人物。人与人之间的相处以彼此尊重为贵，只要彼此尊重，不论地位条件何等差异，都可坦然相处而自适。要想尊重他人，就不能仅限于他人之身，对于他人身外之物同样要行为收敛。尤其是登门做客之时，行为务必循规蹈矩，对于他人屋内摆设之物，不论是否心中好奇喜欢，都应该在征求了他人意见的情况下再做接触，以免伤及主人颜面或情感。唯有连他人之物一并爱惜维护，才可称得上是对彼此情谊最真切的爱惜维护，唯有抱持着这样的态度去与人交往，才能真正让人看到自己的一片尊重诚意。

◎不可不问先责。犯了错误最重要的是如何挽回，至于责人则不仅要讲求艺术，更要讲求时机。即使不为挽回错误，只是为了责人，也不可忘了责人的初衷在于教人、诲人，而不是发泄自己的怒火，做无用的举动。不明了这一点的人往往不问事因就乱发脾气，这样做不仅对他人他事无益，更会让别人对自己产生不满的情绪，可说是极其没见识的做法。如果用这样的态度来应对问题，他人就会为了避免这一态度而采取欺瞒不报的做法，到时候事情还会更加糟糕。面对重大的问题之时，冷静与理性最是不可缺少。

【李商隐家训故事·写诗骄儿】

儿当速长大，探雏入虎窟

李商隐虽然有意出仕为宦，为家国大事尽心尽力，但由于天意的捉弄，终其一生都没能在政治上有什么建树，最后只能郁郁寡终。因此李商隐对于自己儿子李衮师的教育极为看重，深怕儿子将来步自己的后尘，甚至专门写下一首《骄儿诗》劝导孩子不要学习自己一生落魄，而要有所作为。

李商隐走的是科考入仕一途，因此在诗中他劝自己的儿子以兵法为学，长大之后投笔从戎，以护卫国家疆界为毕生大业。他在诗一开篇就夸赞儿子天资聪颖人人皆夸，又有雄鹰的气势和骏马的神采，应该学习张良辅佐刘邦那样，成为一代帝王之师，而不能死读书本无所用处。由此内容不难看出李商隐对自己境遇的感叹和对儿子的一腔期许。

章仔钧：不知明理岂可称为孝子贤孙

传家两字，曰耕与读；兴家两字，曰俭与勤；安家两字，曰让与忍；防家两字，曰盗与奸；亡家两字，曰嫖与赌；败家两字，曰暴与凶。

——章仔钧《章氏家训》

章仔钧是五代十国时期的一位优秀将领，自小就有着非常高洁的品行，并且为人旷达，喜好读书。章仔钧不仅对亲人十分孝顺和睦，对于朋友外人也十分忠信义气，因此一乡之人都对他特别欢迎。黄巢起义的时候，各藩镇纷纷割据自立，有的势力听说了章仔钧的贤名之后便想邀请他，但章仔钧对其一概不屑一顾。直到天佑年间，后来闽国的建立者王审知因为忠于唐朝而又礼贤下士，章仔钧这才选择投靠。投靠王审知后，章仔钧连连得到重用，官拜高州刺史，保卫七闽数十载不受江南兵祸，其将才可见一斑。不仅统兵有道，章仔钧的《章氏家训》同样是极为出色的家训之一，他的 15 个儿子后来个个都成为国家栋梁，也离不开他的教导：

◎不要猜忌他人。常言道，“疑人不用，用人不疑”。这句话虽然有些争议，但在与人交往的时候，猜忌心确实是十分要不得的。防人之心虽然不可不备，但那更多是用在与交情不深的人身上，如果对身边所有人都抱持着怀疑的态度，生活中就只剩下风声鹤唳、草木皆兵的“风景”了。在没有切实根据的情况下，对于交情很好的亲友应该收敛起自己的负面情绪，否则一旦为对方所知晓，必然会导致双方关系的破裂。盲目猜忌不仅会破坏彼此关心，更会使自己的内心更加焦躁不安，对于身心都是一种巨大的损害。

◎不要触犯众怒。人与人的观念不同，行事风格也不同，彼此之间难免有些抵触，这时就少不了要互相包容，但如果是可能会触怒集体的事情，就不能寄希望于大众的理解，而要细细掂量自己的行为是否合于正道而又行之有道了。俗话说，千夫所指，不病而死，如果自己做出了违背公众正当利益的恶事，就必将被公众的愤怒所吞没。何况即使做的事情是正当的，身处昏昧动荡的世道也同样会受到大众的无理排斥，因此也还要讲究方式方法。大众的情绪最是激烈，又最容易被煽动，作为个人无论如何都要避开才对。

◎不要独占公利。在日常社会中，自己付出辛劳直接换来的个人利益往往只是每个人所能享受到的利益的一部分，还有很多可以享受到的利益是面向全民开放的。虽然这种全民利益也有自己的一部分付出，但却不能等同于私人专属。在享受公众利益的时候就同样要考虑他人对于这一部分利益的享受需求，做到凡事有度，彼此之间都能从中获益。有一类心胸狭隘自私自利的人于此最是看不透，为此常常在生活工作中与邻里、同事产生矛盾，将自己陷入孤立的境地，可以说是最不智的行为之一。

◎不要无所用心。饱食终日无所用心是儒门大圣孔夫子最为看不过眼的行为之一，这样的人在他眼里不异于今时戏言的“放弃治疗”。的确，若以人心先天负面情绪而言，无所用心就意味着无益于仁德修养，仁德修养无所进步人就必然会因内心负面情绪的作祟而放纵情欲。一旦因放纵情欲而耽溺，甚至误入歧途，便是药石也难以医治，就真的是很难治回了。因此人生在世万万不可止于最低级的生理需求，而要以更高的目标作为追求，知晓是非之辨，通达道理之源，这才是生而为人的本分。

【章仔钧家训故事·以仁命子】

吾不幸生于乱世，子孙不可不知仁

章仔钧是一位优秀的将领，这不仅仅是表现在他的战绩上，更主要是表现在其仁德之上。章仔钧生于割据势力彼此攻伐不休的五代十国，身怀将帅之才却从不以此自居，反而常常为此感叹生不逢时，在镇守七闽三十余年期间虽有战事却几乎没有杀戮，这也是他儒将风范的体现。不仅如此，他的15个儿子分别叫作仁垣、仁昉、仁燧、仁嵩、仁彻、仁郁、仁政、仁愈、仁鉴、仁肇、仁皦、仁耀、仁佑、仁逊、仁辅，名字中都有一个“仁”字，这就是为了提醒儿子身处乱世而不忘仁义。

章仔钧对于麾下士卒也十分仁慈。有一次，他一直十分欣赏的两位将领因故延误军机，按律当斩。但在夫人的劝说下，章仔钧最后选择网开一面，私下将二人释放。这二人也感恩戴德，在后来投入他国、领军围困章夫人所在的城池后，严令麾下不得屠城滥杀，保住了章夫人及全城百姓的性命，也可说是行仁义得仁义了。

范质：为人当心存大义而自求精进

不患人不知，惟患学不至。戒尔远耻辱，恭则近乎礼。自卑而尊人，先彼而后己。相鼠与茅鸱，宜鉴诗人刺。戒尔勿旷放，旷放非端士。

——范质《诫儿侄八百字》

范质是五代至北宋初年人，自幼好学善文，博学多才。后唐年间，范质考中进士，旋即受到朝廷重用，担任户部侍郎一职。后周太祖郭威起兵入京之后，也对范质甚为在意，特意从民间将其找出，并委以兵部侍郎的官职。范质对于律法一事尤为精擅，他于后周年间编定的《显德刑律统类》，后来更是北宋《宋刑统》的雏形。后周末年发生陈桥驿兵变，后周大将赵匡胤黄袍加身登基为帝，对于范质的才干同样十分欣赏，并以他为宰相，参与国家大政议定，更封他为国公。除了文章律令之外，范质还写有一篇《诫儿侄八百字》的长诗，在回顾自己一生经历之余更对子侄一辈提出了几项必须避免的为人大忌：

◎贪杯惹祸。历代文人笔下虽不乏以酒为乐的诗词名篇，但从修身养性的角度出发，对酒加以警惕、予以批判的文士大儒更多。古人将酒称之为“穿肠毒药”，借以描述贪杯酗酒的危害，但酒所带来的危害不仅仅是对健康的损害。酒能够麻痹一个人的心智，刺激人的神经系统，使人在头脑缺乏神智的情况下做出违背自己本意的种种举动。常人无意间闯下大祸有很多时候都是因饮酒导致，为此不仅连累自身，更是殃及诸多无辜，造成无可挽回的血泪悲剧。这种做法不论对己还是对人都是极其不负责任的行为，必须决然摒弃。

◎交友处淡。人与人的交往相处也需要讲求方式方法，即使是在关系亲密的朋友之间也是一样。即使是志同道合的两个人，也会在一些问题上存在观点的分歧，又或者在生活中有自己的担忧顾虑之事，即使是发自内心地热情交流，一旦触及对方的忌讳也会造成尴尬。本着为对方，也为双方考虑的心意，在交往时就要把握分寸，不必追求表面上的热烈熟络。真正的朋友即使往来稀疏相处平淡，也不会丝毫有损于两人的关系，过于执着往往反倒是会坏了彼此的情谊。

◎不逞义气。孟子曾有“舍生取义”的振聋发聩之言，以“义”为人生至高追求之一，但后世的愚鲁之人却因不学无术、不明真意而心生歧义，崇尚任侠豪迈的“义气”，却不知两者之间天差地远。孟子所谓“义”，是端正天下人心的至公大义，是流传千世而不废的圣道；而常人所谓的“义气”，往往却是困于情谊而违逆公义是非的无理举动，与孟子所言恰好背道而驰，断然不足以为人所奉行。违背情理尚且事小，如果为了所谓“义气”连法律也无视，往往会酿成罪大恶极的后果，为人对此切记要明辨。

◎不依势位。良好的家庭条件确实是一个人成就自我的外部助力之一，但为人处世最关键的是靠自己的能力立足，除此之外一切都是流变不定的，难以成为自己的依靠。显赫的权势虽然可以在某些时候为自己开方便之门，但如果自己没有与之相匹配的能力，得到也会再次失去。此外，对家中的权势地位心存依赖，不仅会丧失自己的斗志与能力，更会让自己在一些大是大非问题上心存侥幸，这就是更大的祸患之源。古往今来依仗父辈权势闯下弥天大祸引起全民公愤的纨绔子弟数不胜数，在公众大义面前，权势即使再大也会有无力维护之时。

【范质家训故事·拒侄请求】

名势不久居，华竟何足恃

范质生于五代十国年间，先后出仕于后唐、后晋、后汉、后周等政权，更在赵匡胤黄袍加身后接受重任，因此关于其人臣忠义本分一事，历来都不乏争议。但不可否认的是，范质确实是一位富有才干而又两袖清风的廉洁之臣，并且从来不以自己的权势为家人谋求私利。

有一次，范质的侄子范杲写信给范质，希望能够凭借范质身为宰相的权力与影响力为自己谋求一份高官职位。范质看完信后不但没有答应，反而劝谏侄子想要出人头地就要靠自己的努力，家中的权势并非是可以依靠的选择。为此他还专门写了一首诗给侄子，这一事后来在社会上广泛流传，宋太祖也因此对范质的品行更为赞赏。

范仲淹：处世谨记人生八德

先天下之忧而忧，后天下之乐而乐。

——范仲淹《岳阳楼记》

范仲淹是北宋时期著名的文学家、政治家和军事家，先祖曾是唐朝时期的宰相范履冰，其高祖、曾祖、祖父及生父也都曾担任官职，可说是官宦世家。但范仲淹两岁时其父亲便去世，因此范仲淹只得随母改嫁他家。范仲淹长大知晓身世之后，便辞别母亲勤学苦读，经过数年努力，终于学业有成，并有了兼济天下的大志。考中进士之后，范仲淹历任诸多官职，为官期间直言敢谏、不畏权贵，支持新政，并于抵御西夏一事立下大功。范仲淹的子孙直到民国初年家业都没有衰落，这与他的教导不无关系。范仲淹的家训主要是《百字铭》、《训子弟语》两篇，篇幅虽短却字字可见其一片仁心：

◎心性守慈。一个人的心性如何，所影响到的不仅仅是身边的人，最终影响到的还是自己。如果心地缺了“慈”这一念，内心负面情绪对人的作用就会更加明显，使人的观念、行为愈发远离仁道。这样一来人的行为就难免会给他人带来不利，也使自己受到外界的排斥。想要做到慈，就要从关心身边之人做起，于孝亲、爱弟一事上尽到本分，并且推己及人，将这份慈爱推行至全天下，也就是范仲淹所谓的“慈悲无过境”。心性守慈，也可使人广受欢迎、通达天下。

◎爱惜纸张。爱惜纸张有两重含义。第一是源自对物力的爱惜。勤俭是兴家的根本之道，俭之一字更是覆盖了生活的各个方面。纸张制造并不容易，何况古代士子多是出自贫寒之家，折枝画地的故事屡屡可见，如果不知爱惜纸张，毫无疑问是对民力辛劳的践踏，是对贫寒之家的不仁。这种态度并非读圣贤书之人所该秉持的。此外，纸张对于读书人而言，是承载自身观念和圣贤之言的载体，如果不能对纸张保持爱惜的态度，也就无法对圣贤之道保持最谦恭的尊重敬仰，也是一种心态上的缺失。

◎博爱众生。博爱众生是心性慈悲的体现，除了使自己保持良善的心态，更好地与人交往以外，也是为了使自己能够保持端正的生活作风。爱惜众生就不能仅仅局限于人，而是要泽及一切湿生卵化、披毛戴角的生灵。古人重礼，每逢各种时节往往都需要广治宴席、大肆屠宰，但也不乏一些有识之士主张节俭，其中也有出自对生灵的爱惜之意。保持这份爱惜之意，不仅仅能够节省物质开支，更重要的是保持自己不奢不靡的节俭生活作风，淡化自己内心的口腹欲求，保持内心的恬淡。

◎谨随大流。时代处于不停地变动发展之中，一时有一时的精彩繁华、流行风尚。从某种意义上讲，紧跟潮流是人内心还未迟钝，还能保持活力与世界呼应的说明，是可喜的表现，但跟从潮流也会容易陷入误区，因为跟从大流往往容易衍变为下流。这一下流不只是狭义的色欲之意，更有消极、低迷、颓废之意。流行的文化与观点不见得都是积极向上，也有许多消极卑劣的内容，更有的一些似是而非，在不经意间慢慢扭曲人们的思想。因此对于潮流始终都要保持灵台一点清明，勘破其本质而后取舍。

◎不要妄想。“妄想莫起，想亦无益”。拥有期望与梦想方为人生的常态，但梦想不能实现更是人生的常态。究其原因，除了人的才智高下有别、命数好坏不一外，更主要的一个原因在于人的付出多少。即使梦想远大没能实现，但在前进的道路上最终总会有最适合自己的收获，怕的是一味地妄想而没有任何行动。妄想之害不仅在于耽误行动，更在于对内心的麻痹、欺惑。妄想往往会使人无法正视处境，使梦想与现实两者之间更加脱离；更会动摇人的意志，使人失去行动的动力。

◎不近匪人。无论如何都不应当接近为非作歹的匪人，因为这一做法容易“伤生”。所谓“伤生”，既伤他人之生，也伤自己之生。但凡与人交往便有情义联结，如果所交不善便会为情义所累。结交匪人而迫于情义，就很难摆脱卷入其为非作歹的奸恶之谋中，这样就势必危害他人的身家性命，也会使自己陷入违逆犯禁的险境，这就是伤害生命的“伤生”之意。此外，因接近匪人而参与其奸宄，更会使自己的德行声名留下污点，立身处世更见损害，这更是妨害人生的“伤生”之意。

◎不废本业。不论学习知识又或是技艺，其目的不外乎是追求人生上进，学习本身并非目的。但即使学有所成、业有所就，也不可为自己的成就所迷惑，荒废了原本的知识技艺。唯有本立而后才能行道，如果抛弃了立身之本的事业，待到坐吃山空之后便会陷入困顿处境，世间多少初时艰辛磨炼、成功之后得意忘形以至家败身亡者都是最直观的体现。以此而论更可以进一步发现，“本业”二字所涵盖的不仅仅是人生倚仗的技艺学问一流，同时更是德行操守。技艺与品德共同构成人立身处世的根本，两者之间不可偏废任一。

◎不逞意气。理性并不能时时约束人的思维，心意也不能时时由人掌控。喜怒哀乐种种意气之下人的行为各显不同，但一时意气的后果往往却是人毕生难以承受的重负。为了一时喜乐的意气，人可能会做出过于自负的决定；为了一时愤怒的意气，人可能会做出触犯底线的行为；为了一时哀痛的意气，人可能会做出消极颓废的抉择……凡此种种不一而足，大抵是情绪不合于中道便会产生种种偏颇，因此就会造成不愿乐见的结果而后追悔莫及。这可说是极其不明智的举动，因此常人需要忌之。

◎贫不抱怨。贫穷对个人发展所带来的束缚与局限极其之大，因此喜富厌贫的心态是人之常情。圣贤之所以会对此心态有排斥，是因为常人在“厌”与“怨”之间往往有所混淆。不甘于贫便应该求于勤勉、上进，但诸多世人却把自己对贫的不甘转为了抱怨，将之施加于家庭、祖辈。抱怨贫穷并不能改变物质条件的匮乏，相反更是内心失德的体现，可见一个小小的怨心念头一旦衍生，也是对人自身的妨碍与损害。即使真有所怨，也应该问责于自己的态度与努力，以此自省、自勉，而后脱贫，这才是“怨”亦有头。

【范仲淹家训故事·父子同德】

何不赠麦以救急

范仲淹对于子女的教导十分严格，也正是因此，他的四个儿子长大之后都特别有出息，在朝廷担任诸多要职，尤其是其次子范纯仁官居宰相，可说位极人臣。范仲淹对子女尤为强调博爱兼济、行善救穷的仁者之心，他的子女也没有辜负他的这一教导。

有一次，范纯仁接受范仲淹的嘱托，从苏州将一船麦子运回四川。在行至丹阳的时候，遇到了自己的朋友，名列“三豪”之一的石曼卿。石曼卿甫经亲丧，却又无钱运送亲人灵柩还乡，于是范纯仁果断以一船麦子为资助。待到回来之后范仲淹问起他是否遇见过朋友，范纯仁便将石曼卿亲丧一事相告，但不敢说出赠麦之举。范仲淹听后便责问范纯仁为何不以麦子为资助，范纯仁眼见父亲的想法与自己一致，便据实以答。范仲淹这才高兴起来，并连连褒奖范纯仁。

吕坤：心循善道可医治人生大疾

奋始怠终，修业之贼也；缓前急后，应事之贼也；躁心浮气，蓄德之贼也是；疾言厉色，处众之贼也。

——吕坤

吕坤，字叔简，号抱独居士，是明代万历年间的著名文学家、思想家，与沈鲤、郭正域并称为万历“三大贤”。吕坤也是一位为官清廉的忠义之臣，曾先后在山西、山东、陕西等地担任知县、参政、巡抚、按察使、刑部侍郎等职，并直言上疏，言辞犀利地劝谏万历皇帝重视民生艰辛、削减苛政、加强边防、整顿吏治，可见其刚正不阿。因得不到万历的回应，吕坤便愤然辞官以教读为业。吕坤的著作《呻吟语》是其花费30年心血凝聚而成的人生经验智慧，其中总结了许多为人处世的妙方：

◎不与人比恶。很少有人能够直面自己的错误与缺点，而是想尽办法来掩盖，更有很多人在掩盖不成为人发现所指责后，不但不以此为耻自勉改正，反而以其他犯下同样错误的人为例来作为开脱。这是何其谬误的做法。常言都说“比上不足比下有余”，如果要比较缺点不足，世间多的是比自己更加失道的孤家寡人，但这些人又哪里值得效仿呢？以这些人为比较，本身就是把自己也放在了与其相同的档次，这根本就可以说是在自取其辱。与人相较的正确态度是比善不比恶，这样才能有助于自己的精进。

◎劝告讲艺术。见人为恶心生不忍是仁慈心肠的体现，能够加以劝告就更是无上善行。但如果不知劝告的艺术，一味地直言批判，反而会使被劝之人产生逆反心理，不但不会收敛、改正自己的行为，反而还会把不满的情绪发泄在劝告者身上。这样一来，善行不但偏离善道，还会为自己带来恶果。劝告他人应该采用最温婉的语气和态度，并且最好避免一味地空谈大道理，而是能够分析利弊，触动被劝之人的内心。这种劝告才是最为有效的，性子急躁的人尤其要深记这一点。

◎重言不重人。生活当中，他人的言辞观点总会有针对自己而发的时候，这些人往往也并非素昧平生的人，而是与自己有各种牵系的人，彼此之间不同的关系也会影响到自己对这些言辞的态度。尽管关系不一而足，但人一定要切记，言辞才是关键所在，不论关系如何都不能因人而取言，因人而废言。如果言辞符合道理，即使是从仇寇口中说出都应该思考、采纳；但如果是不符合圣道的歪言邪说，即使是出自亲近之人也应该坚决否认。须知天地之间道理为最大，因人废言其实就是因人废道。

◎责人看时机。即使是温婉的劝告，本质上也是对他人言行的否定态度的体现，需要讲求艺术，在面对不得不板起面孔以严厉态度去责备他人他事时，又岂能不更加谨慎呢？相比于温存的劝说，直言责备更加刺人，因此更要在其他方面考虑被责之人的感受，看准合适的时机再去表露自己的态度。在有他人在场、吃饭、深夜、气氛欢乐、对方内心已有愧疚之意或是正在为别的事情烦忧痛苦的时候，都应该先保持沉默。不得已的责备本是出自关怀，如果不看时机就盲目责备，岂不是失了关怀的本意？

◎做事有规划。但凡是需要人付出心力的事情，总是要以一个漫长的过程来实现。这一过程中更是离不开人的执行力。但人的执行力常常被拖延症打败，内心的理性也因此而失去决策的果断。为了保证自己的目标能够顺利实现，就要在充分考虑一切因素的基础上，制定出最为合理细致的进度规划，以此勉励、督促自己去不断地做出进步，促成自己的最终目标。做事如果没有规划，最后往往是事到临头手忙脚乱，达成的结果也难以为人接受。这也是成功人士和失败者的区别之一，因此凡事都要慎重规划。

◎望人不忘己。不论是对他人温婉的谆谆告诫，又或是疾声厉色的责备，本意都是出自一片善意与期望，但在对别人提出期望的时候，人也往往忽视了对自己的严格要求，厚责于人而薄于自省。对他人寄予期望固然是好事，但如果对自己没有同样严格的要求，就会连释出这份善意的立场都不具备，自己口中所说的话又如何能够使人信服、接受？即使别人能够接受，改变的也只是别人，但自己的行为还是存在偏颇，这反而是对自己的不仁。因此儒圣孔夫子有“躬自厚而薄责于人”的劝言流传于世。

◎身动而心静。人生不论想要有何成就，最好的态度都是积极果断地去进取追求，而非畏首畏尾逡巡不进。但不论自己的行动如何积极，进展如何之快，在这种外在变化之内，都要保持心的岿然不动。这是因为成就一件事情的本质是通过人的思索谋划来指导行动，如果心不能保持冷静，想法也会随之出现动摇、偏颇，这样一来规划也会出现问题，自己付出的辛劳就可能做了无用功。心思如果浮躁不定，同样也会引起情绪的激变，种种大喜大忧之下，也会对人的身心带来困扰与危害。

◎不败坏公德。人皆生于天地之间，但困于现实生活的压力，很少有人能够从天下世界的角度去做出奉献，并对那些志在天下大事的人和理念抱持“不自量力”的嘲笑态度，更有的还会为了自己的利益去败坏公众利益。这不仅是道德的缺失，也是立志的缺失。如果说人生在世当有所作为是高远而难以达到的志向，那有所不为就是高洁而较易达成的志向。公德一旦动摇，整个社会都会陷入不安定中，个人即使能够一时获利也无法保证自己以后能够全身。败坏公德即使是出于微小的举动，后果也是全社会性的，因此一定要谨守这一底线。

【吕坤家训故事·为官要慎】

士大夫殃及子孙者有十

吕坤是明代著名的思想家，除了《呻吟语》之外，还著有《夜气铭》、《招良心诗》等诸多修身著作。他的修身学说涉及人生的各个方面，其思想更是对后世影响深远。在《呻吟语》中，半生宦海的吕坤特意列举了为官之人后世子孙的十种危害，作为对为官者的警诫。

吕坤在《呻吟语》中提到：骄奢淫逸、豪夺民财、处事不公、以权压人、损耗民力、攀附权贵害国害人、欺上瞒下损公肥私、信奉鼓吹邪说、结党营私、任用奸邪之徒，这十种做法是为官者最易犯的错误，也是最不可容忍的行径。一旦用这样的方式做官，最终逃不脱法网恢恢，连子孙家庭都要跟着蒙祸。

为官之重

羊祜：不求丰功伟业，但求一心仁德

吾少受先君之教，能言之年，便召以典文，年九岁，便诲以诗、书。然尚犹无乡人之称，无清异之名。今之职位，谬恩之加耳，非吾力所能致也。吾不如先君远矣，汝等复不如吾。

——羊祜

三国时期名将辈出，后世鲜有能够与之相比较的时代。与众多人们耳熟能详的名相比，出生略晚一些，显耀于魏晋时期的羊祜显然知名度要低一些。但是这位有“今日颜子”之称的羊公却是不折不扣的一代名将，不仅仪表不凡、博学多才，有儒将之风，而且为人讲求仁德、不用欺诈，羊陆之交的故事更是被后世传为佳话。虽然在有生之年未能扫灭吴国，但他遗留下来的军事方针却为继承者所采纳，最终完成他的遗愿。羊祜终生无子，但对于自己家族的子弟却甚为关心，曾为此写下《诫子书》一篇，对家族子弟提出了为人修养仁德的各项基本要求：

◎言忠信。羊祜身为晋武帝司马炎的心腹，执掌朝廷机密，可谓一言可以成人，一言可以毁人。但他对于诸多士大夫却从不分亲疏远近，立身持正，因此广受尊敬。这一方面是其为人正直，另一方面也是他以国事为重的忠义所在。为国的大忠义源自生活中为人处世的忠信，因此羊祜教育晚辈要言于忠信。身为后辈子弟不见得一定要在功业上超越前人，真正伟大的超越往往更体现在修身做人一事上。羊祜不求晚辈腾达而求晚辈忠信，正体现了这位仁将对于仁德的毕生推崇。

◎行笃敬。仁德不仅是通过言辞表现出来，更多的是通过行为举止展示。羊祜伐吴之时的种种仁德之名并不是仅靠自己宣扬所得，而是由其实际作为体现的。仁道虽然至高无上难以达到，但行仁德之事却要容易许多。为人恭敬不失礼仪，时刻不忘以谦谦君子、仁德圣贤自勉，就算不能达到他们的精神境界，也可以在为人处世上慢慢培养出君子圣贤的贤德风采。尤其是出身显赫之家，身处官场之上，行为举止更要守其本分，不可轻薄放纵，以免冒犯于人。

◎不轻许。羊祜身为一代儒将，连与其敌对的吴军主帅陆抗都能坦荡相交、慷慨赠药，却又劝诫家族子弟不要轻易许物于人，看似有些不可思议，但其实正显其高明。慷慨之人世间并不少见，但慷慨必须出于自己、出于道义，否则反而失之仁德。如果自己能力有限，却凭借家中先辈所遗留、积攒的财富成全自己名誉，就是慷先人之慨的不仁之举；如果不加辨别就对他人轻易许诺提供帮助，也有可能会促成其人的不法之行，给他人带来祸端。而且这种轻许的做法也会助长他人的气焰，同时又过于招摇，如此一来自己也有可能反受其害，对自己反成不仁。

◎不偏听。偏听则暗，不仅身居九重的帝王不能偏听轻信，身为常人也应该保持清醒与冷静，不能听风即雨，从他人处得知消息后要有自己的明确判断。过于轻信他人言语就容易为人所欺所用，出身于官宦之家的子弟周身所处比之常人更多嘈杂之声、更多暗流环伺，如果不能保持自己的清明，很可能因一己的误信人言而举措失当，以致给他人造成伤害，或是给整个家族都带来风险。纨绔子弟的损仁害德、败坏门庭之路往往由此开始，对此不加谨慎就贻害无穷。

◎为人讳。一生无过之人，世间自古以来未曾有之，人人皆然，彼此当知以包容宽谅为上。世人往往易于见闻他人过错而不明自己的失当，对他人品头论足，甚至有意无意宣扬他人的过错，却不知别人所听闻言谈的自己，未必就比自己眼中的他人高明。闻见他人犯过，所思所虑应当是反躬自省，或是如何对待，而非四处宣扬。为他人隐讳其事非是放纵之举，而是宽善之行，若他人有过已改，自己的行为就更显明智。羊祜的这一训诫仍是基于“仁德”之念，可谓至善。

◎不辱亲。父母一生为子女费尽心血，子女却很少有能够反哺父母之恩的。更有的不肖子弟，长大成人之后不仅不念父母教导，更将父母对自己的毕生心血投注视若无睹，对自身不加体恤爱惜，常常因一时放纵骄矜而闯下大祸，为此轻则招惹纠纷，重责触刑犯禁，甚至走上灭亡之途，徒令他人感叹或嘲笑，更令双亲恸极而蒙羞。越是达官显贵之家的子女，就越是容易因自身所处环境条件而沦为举止轻浮的纨绔子弟，或是目无法纪的狂悖之徒，身为名门士族之后，熟读诗书礼易，更当以双亲先祖为念，惜身不辱。

【羊祜家训故事·留犊刺史】

犊为官舍所生，自当归属官府

羊祜虽是一代儒将，声名远播当世，但膝下并无子嗣，直至死后才由其兄长羊发的四子羊篇奉晋武帝司马炎之诏，以羊祜继嗣的身份继承其侯爵，并担任散骑常侍一职。虽然羊祜死后他才过继其门下，但羊祜生前对他们兄弟却多有教诲，并在很大程度上影响了他们。

羊篇曾经担任青州刺史一职，在他上任之时为了带走自己的行李，就特意从家中牵走了一头私牛。在他到任为官之后，这头牛在他的官舍之中产下一个牛犊。后来羊篇接受朝廷诏令调往他处任职，认为母牛所产的小牛犊既然是在此地官舍所生，就应该视为此地官府的财产，因此他不顾牛犊恋母的哀鸣之声，毅然将其留在青州，可见其清廉慎行。他也因此被称为“留犊刺史”，与有“悬鱼太守”之称的先祖羊续并称为羊门两大廉吏。

苏环：为相不可不知以道应命

平心以应物，无生妄虑。似觉非正，则速回之，使久而不失正也

——苏环《中枢龟镜》

苏环是唐高宗时期的进士，也是一位名臣，因在为官期间清正廉明、革除政弊，并且心忧民生之艰，多有惠及民生的政策颁布而为后世所称道。苏环自小天资聪颖，拥有过目不忘之能，因此20岁时便中了仅录三人的进士科。步入仕途之后，苏环先是担任参军、长史，后又接连得到提拔，官至同中书门下三品，其实就是宰相之职。苏环精晓政事，尤精于典章制度，因此国家的律令条文格式等一应由他负责删订。苏环不仅为官有道，同时教子有方，他的两个儿子都十分贤良，其中名为苏颋的一子最为有名。由于被认为是相才，苏环便将自己为官之道加以总结，编为《中枢龟镜》一文，向苏颋教授为相治政的道理精髓：

◎无能不可妄断。职位越高，肩负的责任就越大，所面临的决断就越是重要。面对需要决断的重大之事，一定要有清醒的认识与判断，否则酿成的后果必然难以预料。大事决断一定要在仔细审辨的基础上采取合宜的做法，如果违背正道就断然不是一个合格的决策者。不仅如此，

即使自己有心向善决断，但如果能力不足以担当大任，也应该有自知之明，让事于真正有能力的人，不可因死要面子或是其他别样心思而占据主导，给整体都带来困扰。决策的职位容不得半点偷奸耍滑，没有这样的觉悟和能力就不要妄自担当。

◎处世立于儒学。古圣贤都是志在教化世人，只是志同而道异，学说也多有分歧，后世门徒更是各执一家之言彼此攻讦，常人纵然通读，最终也只能择一作为立身根本，如何选择便是最大的问题。常人多是追求现实幸福的人，所以选择根本学问，就必须基于为人而入世这一点来取舍。儒、道、墨、兵、农、纵横等虽然各有所长，但只有儒家对于修身立命、治家为国一道最为贴近、论述最多，这也是儒家思想之所以成为中国主流的原因所在，因此唯有立于儒学，才最是合理。当今社会，许多人不知国学而轻妄古人、轻妄国学，说到底是一种不学无术、不负责任的态度，并不值得提倡。

◎断事不听废言。决断大事是居于决策地位的有能者必为之事、必该为好之事，因此要保持最严谨、最负责的态度去决定，更要在有自己的主见之余，听取大众的一些意见作为参考。但并不是所有人的意见都值得参考，那些于事无益的意见等同于废言。贤明之人的态度和意见最为重要，因为从中可以看出自己的决断是否从根本上符合善道，而那些仅仅是有能力的人虽然也有不凡的见识，但其主张是否出于端正的心态却不可知，因此两者相较之下要以贤人之言为重。

◎居官不私子女。白手起家取得的权势来之不易，出于对自己以往努力的艰辛而不希望子女像自己那样辛苦是大多数人显赫之后的自然想法。但对子女的提拔与赋予应该根据子女的实际能力来决定，如果子女并不具备自己的期许，对其多加偏私反而是耽误自己的子女，更是对自己所应承担责任的一种亵渎。与其给予子女自身不相称的条件，不如对其多加教导，这才是真正的爱子之道。这一点对于当今那些为家人大开方便之门、子女年纪轻轻就抱印封官的官员来说同样是意味深长的教导。

【苏环家训故事·避亲避嫌】

内举贤才何须避亲

苏环的两个儿子分别叫作苏颋、苏诜，其中苏颋最为有名，被视为是相才，苏环对其也尤为看重；另一子苏诜也十分贤良，在朝中担任要职，因此苏家一门父子三人都堪称是国之基石。

苏环在《中枢龟镜》一文中曾提到过不私亲属的为相之道，苏颋也确确实实做到了这一点。在自己还未与父亲一同担任宰相之前，苏颋曾经官居紫微侍郎。有一次，其弟苏诜因为为人贤良正直而被提拔，后来更被授予给事中一职。苏颋听说之后便上书向当时的皇帝唐玄宗表示不妥。玄宗便问苏颋古时是否有举贤不避亲的名士，苏颋便以祁奚荐子作为回答。玄宗听后笑着表示既然古人如此，任用苏诜便也没什么不妥。虽然苏诜最终还是受到重用，但苏颋的做法同样是高风亮节的表现。

欧阳修：人性善变，当学正道

君子之修身也，内正其身，外正其容。

——欧阳修《左氏辨》

欧阳修是北宋著名政治家、文学家，不仅自身名列唐宋八大家之一，八大家中其余五位北宋名家也都出自他的门下，可见其才学之高。欧阳修不仅精于诗、词、文，同时于经学、史学、农学方面也颇有建树，其

《洛阳牡丹记》更被视为是中国历史上第一部关于牡丹的、学术价值极其重要的专著。如同许多入仕的耿直文士一样，欧阳修虽然历任诸多官职，但却因自己的耿直而处处碰壁，仕途屡遭坎坷。尽管如此，他仍然坚守操行，在写给子侄的《家诫》、《与十二侄》等文中也不忘教育他人要学习正道、存心尽公：

◎学以保真。玉不琢则不能成器，人不学亦不能明道。这一自古流传的训诫正是出自欧阳修的《家诫》一文。就连器物也往往需要后天的雕琢方能成形，人但凡想要有所成就更是离不开后天的学习进步，如果仅仅停留在最初的阶段就远远不足以促成自己的理想。不仅如此，限于环境的复杂和人心的易变，一个人不学习不但不能有所进步，反而会受到所处环境中种种负面的影响，到那时不仅日益远离君子之道而趋近小人，甚至有可能连人性都彻底沦丧。人心脆弱，因此方要通过学习圣贤之道来巩固、净化自己的心意，这就是学习的可贵之处。

◎尽公不避。食君之禄便该忠君之事，身为贤臣更该以此自勉。公事所牵系的非是一家一姓，往往涉及天下百姓，一方臣民，身居官位之人对此应该有所觉悟，不可因顾及自身利益而损害公义。即使所要面对的公事与自身安危有所牵系，也该有重天下而轻自身的死节之志，以能够为公事尽献全力为殊荣。临危避事是常人所思，但为官者当知身为人先之义，如此才无愧于众人的殷切期盼，更不负自己出仕的一片初心。欧阳修历经宦海沉浮而能以此言教侄，正体现了一代名臣的坦荡心胸。

◎禁入官物。一国政府总会采买诸多物品供应官员，这是为了便于其奉行公事、尽躬民生的缘故。但也由于这个缘故，官员往往将这些原本用于公事的物品用于个人生活中的私事，导致公私不分。为人立身当正，为官者更要清廉慎独，动用公物这种看似不起眼的小事其实同样是逾矩的行为。即使为官之初并没有贪污受贿等行为，但如果在这些小事上疏于自律，自己的观念也会在不知不觉中动摇，最终演变成巨贪。欧阳修的这一训诫体现的正是“勿以恶小而为之”的道理。

【欧阳修家训故事·画荻教子】

荻杆为笔地为纸

欧阳修四岁之时父亲欧阳观便已去世，由于为官清廉，且为了使子女不至失去勤勉的本分而在生前不置田产，所以欧阳修一家的生活都过得非常艰辛。欧阳修尚有一兄一姐，都由母亲郑氏一手带大，欧阳修之所以长大之后能在各方面都取得不凡成就，这得益于郑氏的谆谆教诲。

欧阳修少时即十分喜好读书。但由于家贫，他连写字的纸笔都无处得到，更遑论是进入学堂读书所需的学费了。但郑氏仍不愿让欧阳修错过学习的大好时机，于是自己亲自教导欧阳修。没有钱买纸笔，郑氏就用荻草秆代替笔在地上书写，以此教欧阳修识字。等欧阳修稍微长大一点之后就四处向乡中藏有诗书的家庭抄录借读，使欧阳修能够一直学习进步。

包拯：为官贪腐非我子孙

清心为治本，直道是身谋，秀干终成栋，精钢不做钩，仓充鼠雀喜，草尽兔狐愁，史册有遗训，无贻来者羞！

——包拯《书端州郡斋壁》

包青天堪称是一代家喻户晓的铁面无私大清官，在众多为后人称道的清流官员之中，聪慧善断、明察秋毫可谓是其代名之词，其余诸人皆无可比拟。在真实的历史上，这位黑面的神探不仅能谋善断，而且不畏权贵、严峻刚正近乎执拗不近人情，同时又奉行忠恕之道严于自律，并把为民请命视为为官头等大事，因此才能广受褒誉，声名流传后世而愈加为人称颂。这位有“文曲星下凡”之称的龙图阁大学士不仅自己刚正果断，其家训也是快言快语简洁明了，直言后世子孙不可贪腐之意：

◎为官不得贪赃。为官以为民请命和清正廉洁为第一要紧之事，作为一代以刚直不阿、严于律己而留名后世的名流清官，包拯为官一生对于为官贪赃之事尤为深恶痛绝，更多次上书弹劾贪官污吏，极尽严苛，因此对后世子孙更是严加训诫。天下实为万家万姓之天下，为官者的权位来自民众认可，为官者的俸禄也来自百姓躬耕，若在为官之后反而抛弃为民谋益之心，甚至监守自盗、掠夺民财，便无异于是恩将仇报，比之禽兽也有所不及，又岂能身居官位，承担百姓的一片期望呢？

◎谨遵自己遗志。包拯为官一生，不仅对贪赃之事难以容忍近乎偏执，同时也关注吏治、体恤民情。一方面，面对贪赃腐败之事，包拯不仅态度明确，而且能够不避权贵，即使顶撞君王也在所不惜，务求将犯人绳之以法；另一方面对于一心为国的贤才也能不分立场、秉公推荐，更对涉及民生疾苦的政策大事倾尽全力去纠正、整治。为官如此才可谓是俯仰无愧于天地万民，更是古今所有官员的楷模。因此包拯训诫自己的家族子孙要时时不忘为官之道，不可辜负自己的一片期望，不可违背自己的志向。

【包拯家训故事·鞭挞亲舅】

外甥有理打得舅

包拯为官之后，虽然清正廉明刚直不阿，但其家族中的亲友却常常凭借着他的势力在当地为非作歹，就连当地官府都不被放在眼里，百姓更是深受其害。

有一次，包拯的一位堂舅仗势欺人，霸占了乡里一位村民的田产，迫于包拯的关系，县乡两地皆不好处理，于是这一事被直接告到了当时在庐州为官的包拯那里。包拯知晓之后，思虑到家族子弟中倚仗权势气焰嚣张已非一日，于是将这位堂舅抓来，当庭斥责鞭挞，责令其归还田产并赔礼道歉，终于震住了自己的一帮亲友。

包拯责打堂舅之事引起了众人争议。有人认为包拯处事太过，也有人认为“外甥有理打得舅”，包拯此举正显其刚正无私。“外甥有理打得舅”一语也因此流传开来。

岳飞：大丈夫当尽忠以死国事

好生恶死，天下常情。若临大难而不变。视死如归者，非忠臣义士有所不能。

——岳飞

尽管有所争议，但岳飞确实是一位当之无愧的民族英雄。岳飞是南宋时期的著名抗金将领，与韩世忠、张俊、刘光世并称为南宋“中兴四将”。岳飞在投军从戎的十多年战场生涯中，先后与金兵作战不下数百次，并先后将洛阳、郑州等地收复。其岳家军更是军纪严明，令金国统治者闻之胆寒，视为心腹大患。尽管伐金的主站一路行来颇多曲折，最后更受冤屈而死，但这位一心精忠报国的民族英雄却始终没有改变他的志向。岳飞死时不到40，更长期忙于战事，很少有时间对子女做教诲。但从他治军的表现中，也可以看出他对儿子寄予的厚望：

◎精忠报国。说起岳飞，人们就必然会想到“精忠报国”四字，想来即使是当一片苦心孤诣的岳母在给岳飞的后背上刺下这四个字的时候也没有想到，她眼中的这位爱子真的能够毕生谨记自己的教诲，因此留名千古。近年来各种异见突起，岳飞作为一代民族英雄也遭受了诸多质疑，精忠报国之说也被人贴上“愚忠”、“历史局限性”等可笑标签，这可说是人之愚昧已至其极。国家的运转表面上看是靠少数统治者来运作，但背后却是天下万家万姓之民在付出自己的心血智慧。精忠报国，所报的并非是高举庙堂之上、不知民生多艰的鄙陋肉食者，而是千千万万的艰辛之民。尤其是在时局动荡、国家陷入危亡的时代，身负最大责任的统治者本人往往不乏偏安一隅的幸运者，反倒是那些无辜的民众饱受战火摧残、家破人亡哀号泣血而于事无补。唯有身处这一时代而又热血未泯的忠义男儿，才能于此有感并意识到自己所肩负的责任。精忠报国，所报的乃是历代家国之民凝聚汗水为民族生存、进步所付出的努力，这是唯有大担当之人才能够去做到的事情。对此不明就里而妄加评议的，要么是不学无术的夸夸其谈之辈，要么就是人心扭曲的标新立异宵小。

◎治军从严。岳云 12 岁时便随着父亲岳飞征讨金兵，立下无数功劳。但岳飞对他却一视同仁从不加偏爱，在其从马背上摔下之后不仅不加关怀反而要治其罪，可见其治军之严。军人身负护卫国家民众的重大责任，按理说应该心存体恤多加理解，但偏偏治军之道在于严明。这不是对军士的严苛，相反正是对其负责的表现。军人是冲在危险最前面的一批人，如果平时缺乏足够的管教治理，就很难在战场上保全而取胜。一旦失败，所牵系的更是背后家国大门的千万百姓。从严治军并非是不近人情，相反正是最关切的情意体现。

【岳飞教子故事·自取奖赏】

精忠报国，不为名禄

岳飞共有五个儿子，其中长子岳云一直跟在岳飞身边，从事抗金大业，并且凭着自己的勇气与计谋屡立奇功。可惜的是在岳飞为奸臣迫害时，岳云也被一同下狱，最后遭受陷害而死，当时年仅23岁。

在绍兴七年的郾城大战中，岳云先是乔装混入金兵敌后探取消息，而后又生擒了一名金兵，立下大功。但在论功行赏之时，岳飞却独独没有奖励岳云。部将为此不解，岳飞却表示并没有忘记儿子，并要求岳云单独见他接受赏赐。

当岳云进入元帅帐后，却只见到文房四宝之物，以及父亲给他的一张写有“自取奖赏”四字的纸条。岳云不解。于是岳飞解下衣襟露出背上的“精忠报国”四个大字，要求岳云临摹下来。岳云自此方知父亲的苦心，于是毅然听从领受。这一事情流传开来之后更是激发了所有将士的报国忠心。

杨继盛：志于君子之道，处世该知取舍

浩气还太虚，丹心照千古。平生未报国，留作忠魂补。

——杨继盛《行刑诗》

杨继盛是明嘉靖朝的一位著名谏臣，其风骨、心志、气节堪称孤标高凌。由于直言进谏，杨继盛曾触怒了明朝当时，也是历史上有名的一代奸臣严嵩，为此遭受诬陷被投入狱中，惨遭诸般拷打，更为此遇害。

在狱中之时，杨继盛不畏拷打之痛拒绝友人赠送的止痛蛇胆，自谓“吾自有胆何必蚺蛇哉”，更以瓷碗碎片自行剜除腿上腐肉，令狱卒都为之战栗。由于知晓自身危在旦夕，这位明朝第一的硬汉在狱中写下了《杨忠愍公遗笔》一文，对两子应箕、应尾提出了立身处世的规劝之言：

◎立志做君子。人生在世当有所为有所不为，为此就必须先确定一个目标，以此目标为依据进而做出取舍判断。其中最为上乘的选择就是志于君子之道。君子作为儒门理想中的人格，其操守最为高洁，其自律最为严格，因此能够最为谨慎地选择处世之道，做到弃恶从善。如果不能把君子作为自己的榜样去追求自勉，在面对现实中的很多事情时就会摇摆不定难以抉择，做出很多为人所不齿的事情。如果能够秉持君子之道来处世，不论怎样都能赢得人们的认可，这才是最高明的处世之道。

◎辨别心中思。一念善恶，天地莫不有感，一念所思，自身莫不受扰。正因人的念头繁复无尽，人的生活选择也无时无刻不受其左右、拖累。这也是出世之人修持内心无念无求的缘故所在，但身为社会中人不能怠于思考，因此只能退而求其次，选择明辨自身所思。心中每做出一个生活决定之前，都需要深入审视自己的立意所在，明了自己的决定究竟出于人欲恶念还是天理善道，以此为凭据对自己的决定做出判断，而后选择是否奉行。这也是圣贤反躬自省的道理所在，想要处世安稳就不能忽略此道。

◎做官要忠厚。普通人的平凡生活中也有许多人情包袱，官场之上就更是暗流涌动。身处政治黑暗的时代，即使是身居要位的官场中人也都有所忌惮，为了飞黄腾达或是委曲求全而泯灭良知者不知凡几。杨继盛却是一个反例，不仅没有选择明哲保身，反而主动站出来与当时的奸臣严嵩抗争，直至到死不曾动摇屈服。但杨继盛又是一位通情达理的父亲，并不强求儿子像自己这般勇于抗争，但无论如何最起码要保持忠厚之心。

◎不受人诱惑。人的阅历都是要经过岁月的沉淀才会愈加丰富，初涉人世之时心智澄澈，没有过多的防人害人之念也是常态。但如果不知防备他人就难免会被心怀险恶之徒所诱惑、利用、戕害。凡被人所乘者，其中相当一部分是因自身的贪欲而起，因此要克制自己的贪欲，从而杜绝被别人的诱惑所欺瞒。但凡是利用自己的心理弱点来示好的人，不论熟悉还是陌生，其内心总是会有别样的心思，以此也正好可以辨明一个人的来意。对于从己所好的人最应该保持警惕，这也是保证自己安全的要点。

◎善恶有所取。世间有善人便有恶人，有人行善道便有人堕恶途。善恶之途黑白分明是非有别，身为明智之人就应该学会辨别懂得取舍，扬善而弃恶。见到人行善道，便应该观摩他的言行，了解他的想法，思考如何效仿学习；对于堕落恶途的人就应该心存畏惧，反思其人是如何行差踏错，以致一失足而成憾恨，然后处处对照自己的言行是否也有同样的失当。心中常常抱持着这样的心念，就能使自己的内心积极向上，涤除奸邪之思，端正一言一行，日近于君子之境。

◎选择好老师。为人当勤于学问之事，但埋头苦读闭门造车并不是学习的良方，想要专研学问就不能忽略名师的指点。一个好的老师不仅知识渊博，同时品行笃敬，能够同时在知识、做人等诸多方面为学生指点迷津，身做表率。因此为人治学都应该对老师有所选择，如果遇上品行有亏或是学术不精的老师，不可碍于情面而使自己的学业受到阻碍与耽误。当今社会的父母在选择孩子的老师之时对此同样要慎重，不可因自己的轻忽耽误了孩子的学习与前程。

【杨继盛家训故事·不可从死】

不当死则死，则无益于事，比鸿毛尤轻

杨继盛因为上疏揭发严嵩而招来横祸，因此被投入狱中几年。他深知自己危在旦夕难以自保，于是先后写下了《愚夫谕贤妻张贞》和《父椒山谕应尾、应箕两儿》两封家书，对自己的妻子和两个儿子分别予以劝勉教导。后世将这两封家书合称为《谕妻谕儿卷》。

在劝诫妻子之时，杨继盛直言妻子性子激烈，需要改正。古代女人家有从夫死节的风俗，但杨继盛在考虑到家中幼子需要照顾的情况下，委婉地劝诫妻子“妇人一身乃夫之宗祀命脉、一生事业所系，于此若死则弃夫主之宗祀，堕夫主之事业，负夫主之重托，贻夫主身后无穷之虑，则死不但轻于鸿毛，且为众人之唾骂”，提醒妻子不要忘记自己所承担的家中责任，因一时激愤而选择死节，抛弃家中的事情。虽然这一观点仍有封建社会纲常伦理的局限，但也说明了杨继盛对于妻子在家中地位与意义的认识。

高攀龙：做人是人生第一大义

作好人眼前觉得不便宜，总算来是大便宜。作不好人眼前觉得便宜，总算来是大不便宜。千古以来，成败昭然，如何迷人，尚不觉悟，真是可哀。

——高攀龙《高子遗书家训》

高攀龙是明代万历、天启年间著名的政治家、思想家，是明代著名

的士大夫政治团体东林党的一位领袖，也是“东林八君子”之一。高攀龙自幼好读圣贤礼义之言，并致力于程朱理学之研读，对于阳明心学一派则持反对态度，在他看来，学问若不能致力于治国平天下，便无任何意义可言。高攀龙于万历十七年中进士，为母守丧三年后起用为官，直到天启六年因魏忠贤等人陷害，愤而投水自尽以明志，期间多次上书皇帝整顿吏治，一腔忠义天地可鉴。在自尽之前，高攀龙写下《高子遗书家训》一文，向子孙强调了“做人是第一大义”的宗旨以及做人的种种要求：

◎做好人是大便宜。俗语虽然有“好人不长命”、“修桥补路无尸骸”等对善人无善报的感叹，但终究是限于特定个例，总的来讲，世间众人仍是行仁义得仁义，犯恶行堕恶途。做好人看似多有吃亏的时候，但对于一颗行善的坦荡之心来讲，吃亏本就微不足道，因此能够与人方便，避免更大的损失才正是可喜的结果。反倒是如果因一时的吃亏、失意就昧着自己的良心、赌气式地偏离善道去作恶，结果非但不能使自己开心，内心还会更加痛苦、辗转，更因自己的恶行而承担不良的后果，这才是真正的“大不便宜”。

◎堕恶道因不明理。一个人行差踏错步入歧途，有的是因为别人的引诱、胁迫，有的是因为自己的偏激、失察，但说到底是自己内心不够通晓道理所致。因为不明道理，所以在面对他人诱惑胁迫时不能坚守道义；因为不明道理，所以在面对事情时缺乏明智的考察与判断，由此可见明理的可贵。为人须知天地之间，唯有道理最大，只有立于正确的道义才能从心根上避免做出错误的人生抉择，误入歧途铸成千古憾恨。不论是读圣贤书也好，践行社会实践也罢，都要把明理摆在第一位。

◎狂狷才是可取者。狂者是意气过于激荡的奋发之辈，狷者是固守原则以至于拘谨的人，这类人都不是能够完全安于现状平稳生活的人，于现今的家长而言都不是孩子应该学习的，但孔夫子却对狂狷独有赞誉，究其原因，是狂狷者虽然偏于中庸，但内心至少还有一份可贵的情怀。情怀看似虚无缥缈无所用，但如果能以此为动力致力于心中所向，一旦有所成就就必然能够孤高凌云一枝独秀。而且狂狷者同时也是绝对不会与世俗同流的仁人志士，在中庸难于企及的情况下，狂狷是最值得追求的态度。

◎不恃公义而触法。天下之间，道理公义是最大的准则，最需要人用心维护，但维护公义却不能成为自己触犯法律的理由。即使是面对那些伤天害理、丧心病狂的恶行恶人，也要尊重他们的人格尊严、尊重法律对其权利的维护，不能打着正义的旗号而伤害他人。尤其是当今一些年轻气盛、见识有限的青年，往往因为观点的不同就喊出标榜正义的口号，实际上所做的却是与法律、公义背道而驰的事情，其盲目可见一斑。以公义为重，就更要知晓维护公义应当合情合理、合于法律，否则就只是南辕北辙。

◎助人何须费家财。助人不仅是圣贤所乐的事情，也是人人该为的事情，本不该有所置喙，但基于现实个人生活的考虑，很多人都会在别人呼助之时有所犹疑，某种时候其实是“想太多”心理。助人并不意味着自己需要牺牲自己的正常生活去成全别人，很多时候助人只不过是举手之劳。即使是需要付出一部分物资，也可以有很大的转圜、变通余地，往往只需要付出很小的代价就可以解决他人的燃眉之急。这种做法也并不会损害自己的仁德，相反正是仁德不失于情理的最佳选择。

◎不知书亦可守德。古人说“人不学不知义”，是为了强调学习于人德行的稳固作用，并非是说不读书者就没有德行，否则那些出身贫寒、躬耕一生的感动全国人物又该置于何地？“人人皆可为圣贤”一语又从何谈起？修德的道理不仅在书中，更在世人的口耳相传之中，只要牢记世人普遍推崇的孝悌、行善等宗旨，发自诚心地去践行，即使是目不识丁之辈也可以接近圣人的品行。因此人生不可轻读书，更不可因不读书而轻自己，轻视自己才是真正的损害了自己的仁德。

【高攀龙家训故事·死不辱身】

我本视死如归

明代东林党与以魏忠贤为首的阉党之间的斗争十分激烈，可惜的是在奸佞面前，东林党人虽然心怀理想大志，手段却略输一筹，因此在明熹宗年间的斗争中处于劣势。在魏忠贤的矫诏弄权之下，东林党许多领袖都被清除，高攀龙也未能幸免于难。

曾被高攀龙依法罢免的官员出于对高攀龙的不满，愤而与魏忠贤勾结，并向皇帝上了一封污蔑东林党人的奏章。高攀龙等人最终被罢免官职，更受到了缉捕。但高攀龙对此却毫无畏惧，与妻子子孙等人谈笑自如，并留下一封书信而后悄然投水自尽。事后子孙打开书信才发现是高攀龙的遗书，书中提到即使遭受污蔑也不能使自己的身体受辱，为此就算效仿屈原的志向也是求仁得仁之举。

张之洞：以家国为念，以谦卑自守

平生有三不争：一不与俗人争利，二不与文人争名，三不与无谓人争气。

——张之洞

张之洞是晚清一代名臣、重臣，同时也是洋务运动的代表人物之一。张之洞16岁时中解元，27岁时高中探花，功名较之同列为晚清“四大名臣”的左宗棠倒是分外显耀。张之洞入仕之后历任内阁学士、巡抚、总督、军机大臣等要职，在洋务运动中以“中学为体、西学为用”为宗旨，大力倡导发展军需重工业，以此提升国家实力。张之洞的儿子在国外留学时，张之洞很担心他会在国外闯祸，于是专门写了一篇《诫子书》谆谆劝告。从其为人处世之道中也不难发现许多可贵的教子处世之道：

◎于国有用。天下为万民之天下，身为万民之一，看似遥不可及的国家大事也时时刻刻牵系自身祸福，处在动荡的乱世之中就尤其如此。做一个于国有用的人是立志高远的表现，培养有利于国事的才能也不仅仅是为了国家的安危，更是自身的安危。同样是手无寸铁，乱世之中的平民往往任由宰割，但有识之士却能够趋吉避凶甚至弥平烽烟功成名就，这就是治国之才的可贵之处。张之洞作为晚清名臣，这一训诫不仅体现了对儿子的殷切期望，也是其内心对国事一片挂念的苦心。

◎学习军事。张之洞对于军事极为看重，在给儿子的信中更把训练军队视为是治理国家最重要的手段。一个国家的安宁稳定离不开一支强大的军队，如果失去了军队的依靠国家与民众就必然遭受他国铁骑的蹂躏践踏。身为男儿当有刚毅雄魄之志，学习军事、投身军旅也是立志高远而又于国于家于己皆有利的人生选择之一。即使志不在军旅，也应当向军人看齐，锻炼自己雄健的体魄，培养自己顽强的斗志，怀抱军人一心为国的精忠精神，这也是一种更为广博的大爱。

◎自视卑下。不经雕琢就不能成大器，因此人要懂得凭借吃苦耐劳锻炼身心，精进自己。为了更能从困苦中有所感悟，就不能过多地依仗他人，尤其是不能自视太高，以至于蒙蔽了自己的双眼，反而生出祸端。把自己视为最卑下的人，并不是要自己在精神上低头，而是要自己用最冷静的态度、最谦恭的态度来审视自己所遭逢的考验，借此不仅能够磨炼自己的身体与意志，还能使自己的学问与人生经验更加丰富。唯有处下方能并包广纳，这不仅是圣人眼中的水之善，同样也是人之善。

◎了解民生。身居官位，一言一行都关系到自己治下的民众，因此不仅要谨言慎行，还要对民生之事有充分的了解与认识。如果对民生之事无所认知，自己的行政举措就会偏离民意，甚至与民意相悖离，为此给民众带来巨大的损失，不仅有负民众所托，也会给自己的仕宦生涯带来污点，更是给人生带来污点。心系民生、了解民生，这不仅是为官忠于职守的体现，更深层次的意义在于对自己内心仁德的一份坚持、滋养。时刻将民生之事与自身紧密联系，就是时刻不忘修身之本。

◎不如求己。依靠众人的力量不仅仅是聪明的表现，也是人与人相互联结的意义体现，但为人更该心存自立自强之志，对于他人之助要心怀感念，但不可视为依赖。尤其是在人生道路的选择问题上，不论身边有多少人提意见，有多少观点让自己犹疑，最后必须要靠自己的心念做出选择。人生大门开启之后，虽然并不能尽如自己的心意，虽然还是要经历许多波折，但自己的选择最起码可以让自己无法抱怨他人，心中能多一份坦然。因此对于他人的助力应该少存依赖之心，这样才能够使自己更加坚定。

◎知晓变通。无规矩不能成方圆，合理的规矩看似会造成制约，实质上能够使整体更加协调有序，健康运转。但万象皆处在流变中，一些陈旧的章法也会阻碍自己眼下所要推进的步骤，如果盲目地依循反而不利于事业的进步。为此，对于一些条条框框自己的心中一定要有数，牢记规矩所起到的应该是促进的作用而非阻碍的困扰，做到灵活应对。当整个局势都陷入了混乱中时，更不能把自己的眼光局限在混乱之内，而要着眼其外，引进新的思路和方法来重构整体框架。

◎学贵致用。学海无尽，人的选择也各有不同、各有精彩，但所学一定要有所用。屠龙之术虽然高明，但却于人于己毫无益处，别说是花费千金，纵使只需一锱一铢之费也是浪费自己的心力。即使是圣人倡导的仁义，在百姓的生死疾苦之前也要有所退让，何况是夸夸其谈的所谓本事。求学上进之途不能割离自己与天下、与他人的关系，自己耗费精力所学的，最终也是因为能够使整个天下、整个人类的联结更加紧密而更具意义。如果忽略了出发点而重视表象，就会偏离学习的意义。

◎不留把柄。人在生活之中总会因一时的忽略而犯下一些错误，这些错误往往也并不是有意为之或是牵涉罪恶，但在有心人的眼中却实实在在有可能成为陷害自己的渠道、攻击自己的理由，因此一定要时刻谨记行止端正，不可因一些细微的疏忽放松就暴露自己的破绽，因此受制于人。尤其是在面对一些是非问题，不论其巨细都要谨守原则，不可逾越。世间无不透风之墙，若要人无缝可乘就必须避免不正当的作为。尤要注意的是，即使是正义的行为也会因方法不当而惹人闲话，这一时候就更要警惕言行，避开嫌疑。

◎助人以智。野夫怒见不平事，暴吼一声拍案而起，这是勇之所在，也是义之所在，只是有时未免会失之风度。对于弱者的体恤援助是合于仁义的做法，但若能讲究更为灵活的策略就更加凸显学而能用的可贵。

力不能胜智，简单粗暴地助人不仅不能从源头上解决所有的问题，也会使自己过于明显地暴露，为了助人反而将自己也陷入危境，虽然是大勇但也是大愚。因此要以惜身自保为前提来巧妙周旋应对，如果事不可为也该及时收手。此外，在是非未明的情况下就盲目助人有时也会使结果偏离本意。

◎独立思考。世间用心险恶之人很多，其中手法高明的也不少。采用强硬、胁迫手段来控制他人行动的只是其中的下乘，最可怕、最难防的其实是那些用言辞来蛊惑人心、使人心甘情愿受其引导的狡诈伪饰之徒。如果想要摆脱他们的陷阱，就必须对他们的言辞加以隔离，从自己的根本想法出发，去审视、去选择自己的道路。不论是人生重大选择还是治学工作之事，如果没有自己的看法，不能加深自己的思考而一味听从自己的意见，就会所闻越广而迷惑越多。

【张之洞家训故事·临死教子】

勿负国恩，勿堕家学

张之洞身为满清重臣，一生都在为国事民生操烦，即使是对其子女的教育也常不离天下国家之事，可见其忠仁。

1909 年 6 月，毕生操烦国事的张之洞身染重病，只好辞去一切官职回家静养。等到 10 月 4 日那一天，张之洞自觉沉疴难治大限将临，于是把所有的子女叫到床头，告诫他们“勿负国恩，勿堕家学，必明君子小人义利之辨，勿争财产，勿入下流”，并要求子女将这一段话背诵给他听。待到子女们牢牢记住以后，他才咽下最后一口气安心离去。

李鸿章：凡事讲求一个实际

享清福不在为官，只要囊有钱，仓有粟，腹有诗书，便是山中宰相；祈大年无须服药，但愿身无病，心无忧，门无债主，就是地上神仙。

——李鸿章

李鸿章与曾国藩、张之洞、左宗棠并称为“晚清四杰”，他们都曾因镇压太平军起义而为清廷重用，而后致力于洋务运动，开中国近代化之先河。这四人在近代史上都饱受争议，围绕李鸿章的种种为政举措，后世之人更是有诸多分歧。但谁也不可否认的是，这位与德国的铁血宰相俾斯麦、美国的上将总统格兰特并称为“19 世纪世界三大伟人”的“再造玄黄之人”对于近代中国的影响之巨大与深远。李鸿章为官期间给家族子弟写下了多封家书，后人检视其文也从中获取了许多有益治家的道理：

◎敢为人先。古今圣贤的道理不乏冲突，说起敢为人先，难免想起老子的“不敢为先”。圣贤之道皆因时因地而变，是否为先也要取决于世情。从立身保命的角度而言为人不可冲动冒进，但在面临难得的机遇而自身又有所准备的前提下，就应该一鼓作气拼力向前，否则就只能坐失良机，使之前的所有准备都沦为无用功。还有一种情况，就是在面对有关天下国家危亡的大事之时，也不可采取所谓“明哲保身”的态度，而要挺身而出，承担起自己对于家国天下万民的一份责任，这才是大丈夫所为。

◎团结众心。从来没有哪件大事是可以只靠一个人就能完成，唯有聚合更多的人力才能使困难与阻碍更加渺小。因此做大事的豪杰都善用众人之力。但善借众人之力，更要善聚众人之志。人多力大，但也杂乱，如果没有共识，没有统一的着力点，众人的力量即使看似强大也经不起困难的挑战与考验。要使众人团结一致，就必先使他们在目标和达成目标的方式方法上都取得一致，这是众人之力能够不分彼此、聚合为一的最基本条件。如果忽略了这一基础，就失去了最为重要的人和因素，成功也只能沦为空谈。

◎着眼全球。身为人不可失去长远博大的眼光，越是意气风发的年轻一辈就越是如此。全球之事虽然不是普通民众能够影响、决策，但保持这一宏观的思维就能使自己的学识、观点永不过时。思维局限于一家一室的人比心念社会的人要狭隘，心念限于一国社会的人同样没有着眼全球发展的人开明、广博。局限于国家范围仍不免受到思想的束缚，唯有从全球全人类的角度出发才能更好地了解世界的趋势和自身的使命。着眼全球实质上可说是立志高远的表现，但凡伟人豪杰一流总是以此为念。

◎精于一技。社会越是开明进步，竞争就只会越发激烈，不论胸怀多么博远、内心多么仁善，没有一技之长也终究不能在与人竞争一事上崭露头角，有所斩获。不仅是李鸿章，曾国藩也曾在家训中多次强调“精于一书一学”的道理，可见人但凡做事，必须要有一个核心的着力点。要想立身处世有所依仗，就不能仅仅满足于在某些方面超出一部分人，而应该做到最好最佳，无人能可取代胜任。唯有如此，才能将根基立得更稳。小至个人大至国家都是同样的道理。

◎学敌之长。对于与自己处于竞争地位的人，人们总会怀有各种复杂的心思，或忌妒，或忧虑，或不屑，或敌视，这都是出于常情，但无论如何都要记住最重要的心态是学习。越是与自己力敌的对手，身上就越是有能与自己抗衡的优势，这种优势同样也意味着自己的缺失。不管从战略上对对手何等轻视，但在具体的竞争中一定要放弃所谓的“面子”努力看齐。结合李鸿章所处的时代，从国家的角度来看待这一理念，就显得意义尤其深远。不知学习就会落于人后，届时自己所面临的将不仅仅是被动的局面，甚至有可能是绝境。破除偏执、谦卑学善，是永不过时的进步之途。

◎提携后进。即使是一心上进也不代表一定能够超越别人，被人超越的情况也时时会发生。对于后进之士采取何种态度，是常人在职场工作中常常需要面对的问题。有的人为了保证自己能够处得安稳，对于后进之士的求助往往会置之不理或者故意误导，甚至绞尽脑汁阻碍他们的工作，这一做法可说糊涂。立身安稳与否是取决于自己的根基是否巩固，采用卑劣的做法本就是在断送自己的仁德根本。提携后进并不意味着陷自己于不利，坦荡的胸襟才是面对一切困境都不可或缺的心理。

◎知恩重报。左宗棠强调以实际行动感恩，李鸿章的知恩重报显然对此更进一步。《诗经·大雅·抑》之中也有“投我以桃，报之以李”之言，可见古人对于“感怀恩情更要回报恩情”这一理念的强调。助人一事历来有“助是情分，不助是本分”一说，能够得到他人的恩惠本就极其可贵，何况有的人是拼着自己的利害关系去施以援手。恩情背后是人的一片仁爱，因此抛开物质来讲并无大小之别，对于他人每一份的恩情都不可轻忽，都应该用自己的心意去做出最大的回应。

【李鸿章家训故事·学文之道】

文字为思想之代表，思想为文字之基础

李鸿章是曾国藩的弟子，不仅在政治观点上与这位老师一脉相承，就连教子之道也深受曾国藩的影响。李鸿章对子女的学习一事十分看重，当儿子写信求教学文之道时，他便多次写信教导。

李鸿章教育儿子，文字与思想是互为表里的关系，文字是为了体现思想，而思想则是文字的出发点。读书要特别注重书中的思想观点，因为思想观点一旦偏颇，就会有自误误人的可能性。而且读书应该以记叙性的文字为主，并与社会实际相结合去揣摩、体悟。而如果是读古文，就应该一气呵成去体会文中的意境。

治家之规

班昭：生而为女当知女德尊贵

夫妇之道，参配阴阳，通达神明，信天地之弘义，人伦之大节也。

——班昭《女诫》

班昭是中国历史上第一位女历史学家，其父是东汉著名史学家班彪，其兄分别是著名的经学家、史学家班固和定远侯班超。班昭虽然是一介弱女子，但在博学父亲的影响熏陶之下，自幼便勤于读书，拥有了广博的学问知识。在其兄班固编写《汉书》未完而逝之后，班昭主动接过亡兄未竟事业，并独立完成了《汉书》中最棘手的《天文志》和《百官公卿表》，可见其博学。班昭 14 岁时嫁入同郡曹家，在她晚年之时，她担心家中女子因不懂礼而行为有偏，便特意写了《女诫》一文作为提醒，其中的主旨思想更是成为漫长封建社会的权威女性观。虽然时代变迁，《女诫》之中仍不乏一些可采纳的观点：

◎勤于家务之事。古代社会强调“男性主外，女性主内”的治家观，女性负担着家中的一切事务。虽然今时今日个性解放，但在家庭的男女分工问题上，仍然是以男性养家、女性顾家为主流分工。在这一前提下，作为家庭主妇就理所当然要承担起家务之事。家庭并不仅仅是房子、家具这样的物质概念，对于人来说更重要的是这些物质背后的一个环境，一个可以让人安然依靠的环境。不仅仅是对于其他家庭成员，对于主妇自己来说，一个井然有序、干净整洁的家庭也更能使自己身心舒畅、生活优雅。

◎女子也要教导。出于重男轻女的落后观念，古人对女子的教育并不在意，即使是在当今社会仍然有贫困家庭放弃女儿学业专供男儿读书，甚至女孩子主动放弃读书、参加工作供读家中兄弟的现象，令人不忍。不论是圣贤大道还是各科知识，对于男女来说都一样值得学习了解，若论学业成就，女孩子与男孩子相比更是没有必然的高下区别。人不经过学习教导就很难去争取幸福的生活，女子要是缺乏教育，日后在自己的家庭中就更是难以教育好下一代，发挥母亲的积极作用。因此教育一事并无男女之别。

◎尊重丈夫颜面。男性直率、女性温柔，是男女性格区别的常态，但也有很多情况下是反过来的。在提倡个性解放而又男女比例失调的当今时代，女孩子的“底气”有时往往更足，脾气也更为明显。但男女之间一旦组成夫妻关系，就离不开彼此的包容谅解，身为妻子对于丈夫更要多一分温柔与尊重。男性看似豪爽，但现实中承受的压力要大于女性，就心理而言，男性也往往会比女性更为脆弱。如果女性对丈夫缺乏尊重，无疑会严重挫伤其积极性。妻子对丈夫颜面的尊重，某种程度上其实也可等同为常人对弱者的体恤关爱吧？

◎言行不可轻浮。其实不仅仅是女性，即使是男性，也会因为言行的失当而被冠以纨绔子弟、浮浪帮闲的称呼，轻浮的言行可以说是为有德之人一致贬斥的行为。身为女性不可言行轻浮，并非是出于对女性为人的恶意揣测，其实更有防微杜渐的稳固家庭关系深意。大凡一个人言行放浪，其心性就不能保持足够的端正，在这样的心性影响下，一个人对于家庭成员的态度和影响也都可能会产生不利的变化。言行端正终究是出自修身修德的初衷，只是因女性在家庭中的独特地位而显得更有其意义。

◎远离三姑六婆。在古意中，三姑六婆是指几种独特的女性职业，偏含几分贬义，到了今时往往也偏指一个家庭中那些善于搬弄是非的远近女性亲眷。搬弄是非虽然并不是女性独有的做派，但放在家庭的背景下，女性限于自身的心理和思维方式，往往更容易在彼此之间产生误会或嫌隙，并因此扩大到全家族的矛盾。因此，出于维护家庭的和谐，也是为了提高自己的精神层次远离鸡毛蒜皮的小事格局，女性也应该保持自己积极的心态和更为潮流的观念，更多地把目光投向外界，远离家族女性之间的琐碎无益争执。

◎处好夫家亲友。虽然男女之间地位平等，但限于世俗的生活模式和生活观念，结合成新的家庭之后，女性往往要更加主动地去适应男方的人际圈，相对来说会显得更加“孤立”。现实的生活模式与观念之下，婚后的女性不仅要对男方的父母以父母相待（男方反而不用如此），更要和男方的其余亲人和朋友打交道，反倒是离自己的出生家庭相对疏远，可以说想要婚后美满其实并不容易。因此女性不能仅仅依靠良人的一己关怀，自己也要运用智慧去游刃有余地处理这些复杂的人际关系，唯有这样才能使婚后生活更加幸福。

【班昭家训故事·为兄请命】

敢触死为超求哀，丐超余年

班昭一家父兄都是历史上有名的人物，其次兄班超更是东汉时期著名的军事家，曾给后人留下了“投笔从戎”和“不入虎穴焉得虎子”两个著名的成语。班超一生戎马征战，先征匈奴，后使西域，为东汉王朝对西域的掌控统治立下了赫赫功劳。班超在西域生活了三十多年，到了年老之时返乡的心思越发强烈，班昭出于对哥哥的关爱，也写了一封奏章作为请求。

班昭在奏章中先是感谢了皇帝对于班超的信任和厚待，又以班超年近70的事实为依据，说明自己对于兄长的担忧和兄长一生为朝廷尽忠的表现，请求皇帝准许。这封奏章深深打动了当时的皇帝汉和帝，于是班超得以顺利地老年归国。

杨震：治家不离和睦勤俭之道

"天知，地知，我知，子知，何谓无知者!"

——杨震

杨震是东汉时期的一代名臣，祖上曾因从龙有功而被封侯爵。但杨震自幼不好名利，直至50岁时才开始出仕做官。杨震少时曾跟随父亲学习《欧阳尚书》，又跟随太常桓郁致力学问，很年轻时便已博览群经。在杨震50岁时仍无意于仕宦之途，但在当朝大将军邓骘的举荐下，很短时间内便接连高升，担任东莱太守一职，后来更是入朝为官，官拜太尉。杨震为人刚直不阿，不避权贵，为此深得同僚钦佩，但也因此触怒权贵而被贬，最后饮鸩而卒，性格刚毅可见一斑。出于对家女的日后生活的关心，杨震死前还特意写下一篇遗训，阐述了自己的治家主张：

◎男儿居家自有主张。家庭成员虽然地位一律平等，但当自家面临一些重大事情与决定时却必须围绕一个主心骨来商量谋划，这就是男子身为一家之主的担当所在。身为一家之主，必须要认识到自己所背负的、来自家庭全员的期待与依赖，有自己的冷静头脑和明确观点，并自己做出判断与选择。如果自己心性摇摆不定，思路混乱不清，还要依靠他人的主张，不仅暴露自己身为男人的无能，更是不负责任的表现。有的家庭男主人由于性格的怯懦或是懒惰，把一应家庭事务都置于其他成员头上，自己则不闻不问坐观其成，这样的人又如何称得上是男儿呢？

◎父辈建议不可轻忽。年轻一辈即使是在居家度日的私人生活中，也会因为缺乏父辈那样的多年人生经验而在面临一些比较重要的选择之时难于决断，这个时候就千万不能死要面子而对父辈的建议不闻不问。虽然时代进步很大，父辈与年轻人所处时代的生活风貌和价值观念都有很大不同，但社会人情却没有现实变化那么快，父辈的那些人情世故很多都同样适用于当今时代。为此，在治家一事上，对于父辈的担忧和意见不可完全忽视，应该先加以请教接受，而后再自行做出选择。居家生活的很多麻烦如果在一开始这样做就可以避免，因此身为年轻人在这个问题上不能太过固执。

◎家务之事不可计较。一个家庭中，即使是相伴多年的夫妻，有时也难免会因为家务一事而产生些许分歧，初组家庭的青年男女由于自身好玩和年轻气盛，更容易因分担家务而产生矛盾。既然组成了家庭，就应该为家庭的巩固而尽心尽力，这才是一个家庭内成员应有的心态，如果在一开始就抱着斤斤计较的心态，连家务都严格划分，维系一个家庭最起码的彼此依靠又何从体现呢？现代社会并没有古时的种种条条框框限制，不论是男性还是女性，都应该对于家务事出一份力，其中男性对女性、子女对于父母的理解包容更是不可缺少。

◎经营商业亦有儒风。“无奸不商，无商不奸”是自古以来流传的俗语，也体现了重农抑商的传统社会经济模式下对商业的贬抑。商业之道虽是以利为先，经商之人也确实少不了诸多机心盘算，但这并不代表行商就必然与道义违背。相反，讲求诚信、态度和善、言行守礼的儒商，不仅仅能够立身于腾达，更有远超一般人的社会责任与家国天下担当，这一类人同样可称之为是有道志士。如果能够以这一标准去从商，不仅可以无愧于心，更可以实现自我的真正价值，即使比之秉持忠义奉行不怠的真正读书人也毫不相让了。

◎谋求家计便该戒嬉。青年男女既然成家，自当独立负担起养护家庭的责任，即使此时心性尚未稳定，也不能如同以往一般放纵于嬉戏游乐之事，否则家庭生计必然难以维持。沉溺于嬉戏之乐其害有三：一来耽误个人时间，妨碍个人工作进度；二来损耗个人精力，降低个人工作效率；三来耗费个人钱财，无形加重家庭所有成员的负担。一旦放纵于嬉戏之乐，久之必然消磨一个人的工作热情，加深好逸恶劳的负面心理。成家立业之后便该有相应的角色转变，如果没有这一认识就很难顾好自己的生活。

◎附庸风雅败坏门庭。琴棋书乐等风雅之事虽然积极向上，有别于低级趣味的寻欢作乐，但如果不顾自身家庭背景和经济实力，就效仿他人风雅，沉溺于自我欺骗的快乐满足中，亦无异于因嬉废业。大凡风雅之好，都是凝聚了历代先人智慧的艺术，想要有所成就都必须花费大量精力去修习，而后才能有所成就。有的人仅因自己内心的固执之念，便无视自己的家业生计而耽溺于风雅之好，这一做派足以败坏整个门庭，就如同明朝史上那位著名的“木匠皇帝”一般。风雅之好虽高，却不及家事重要，越是趋向文艺的人就越是要有所明辨。

【杨震家训故事·暮夜辞金】

天知、地知、你知、我知，何谓无知

“天知地知你知我知”，这是国人耳熟能详的一句话，但知道这句话出自杨震的人却很少。

杨震50岁时出仕为官，曾经担任过荆州刺史一职，后又调赴东莱担任太守。在他赴任东莱太守途中，曾经过冒邑一地。冒邑县令王密曾经得到过杨震的举荐，于是乘此时机专门挑了一个夜晚，带了十斤金子作为礼物送给杨震。杨震为此慨叹自己知人而人不知己，并加以拒绝。当王密以“夜深无人知”为理由相劝时，杨震大怒以“天知地知你知我知，何为无知”相对，王密深感惭愧，于是只得收起黄金拜辞杨震。

杨震这一做法正是历代儒门弟子所强调的“慎独”理念的体现，如此高风亮节即使放诸今世，又有几人可及呢？

司马光：寡欲尚俭方可保身有成

夫贤者，其德足以敦化正俗，其才足以顿纲振纪，其明足以烛微虑远，其强足以结仁固义。大则利天下，小则利一国。

——司马光《资治通鉴·周纪二》

司马光是北宋时期的著名文学家、政治家和史学家，历经仁、英、神、哲四朝，为官刚正清廉，为人治学刻苦。历史上的第一部，也是最大的编年体通史《资治通鉴》就是由他主持编纂而成，在史学上拥有极其重要的地位。司马光为人孝悌忠信，谦恭正直，谨守礼节，并且对钱财和物质享受十分看淡，唯于学问一事十分在意。因此他在写给家族后辈子孙的《训俭示康》、《诫子孙》、《温公家范》等家书中也反复强调“重义轻利”的思想观念，希望子孙后人能够牢牢谨记自己的教诲：

◎寡欲可以保身。即使是温良俭让的谦谦君子，如果欲望太多，也会动摇自己的意志，损害自己的德行，不利于坚守正道，使自己的行为出现偏差；喻于利的小人一旦欲望太多就更是会不知收敛、恣意妄求，为此不惜丧尽天良，将灾祸也引到自己的身上。因此追求奢侈的想法不论对于何种人都是有害无益的，如果想要保全自己就不能不对自己的欲望有所抑制。为人当知理性之可贵，如果为欲望所制人便与禽兽无甚分别。观古今兴亡莫不如此，这也是司马光强调寡欲的缘由所在。

◎训子当以礼义。生子女而不教是父母的过失，教训子女是身为父母的头等大事。古往今来大多数父母都能做到不忘自己的教子重责，但如何训导方为正确，人们对此却莫衷一是。很多父母以物质和财产为重，一生汲汲营营疲于奔波，只求为子女积敛家财而疏于对其人格品行的教导，使其沦为不知生活艰辛一味耽溺享乐的游手好闲之徒，待其长大之后，自己所积蓄的财产轻易就被败坏一空，反而还要嘲笑父母，或是怨恨父母所做不够。因此司马光告诫儿子教子之道最可贵的是告知其何为人生是非礼义，以规避后人行差踏错。

◎不留财于子孙。人人本性中都有好逸恶劳的思维，能够摆脱这一思维的桎梏方能有所成就。但往往只有在自身物质条件匮乏的情况下，人才会迫于实际无可选择，做到勤勉刻苦，一旦所拥有的物质条件过于丰厚，意志就会为金钱所动摇、为享乐所腐化。这就是寒门多出贵子、富家不逾三代这一俗谚背后的道理所在。司马光曾告诫儿子教子之道贵在礼义，如果知晓礼义之道，即使身处困顿也能不失其志其贤，这样就能够保留成就自己的核心关键；如果只留财于子孙，一旦财货穷尽，也就是子孙败家覆亡之时，对此不可不慎。

◎不从奢靡之风。放纵享受的乐趣远远大于固穷守志的艰辛，因此世人多放纵声色追求纸醉金迷，而对坚守正道一心奉行圣贤之志的君子嗤之以鼻。身处这样的环境，不少原本心性并非贪求穷奢极侈的市井之民往往也会有所摇摆，不顾自己的现实条件而盲目跟从大众的生活方式，不仅使自己为其所累，久而久之整个社会的风气也会趋于浮华而低靡。司马光身为刚正清廉的朝廷之臣，心知愈是所处的社会风气趋于奢靡、病态，为官之人就愈是应该身做表率，以此来引导、端正社会风气。因此他告诫儿子千万不可跟从贪图奢靡的社会不良风气。

◎崇俭可以有成。人人心中都希望自己一生能够有所成就，但成功于常人而言却往往遥不可及。除了天资与条件的限制外，心性也是一个重要的因素。成就二字意味着人生的改变、上进，因此成功往往意味着人要克服自己与生俱来的一些本能、舍弃自己与生俱来的一些缺陷。丰厚的物质条件所带来的精彩享乐生活，其诱惑力远远超过为坚守梦想追求成就所必要的种种欲望克制，因此鲜有能够做到为成功而放弃物质利益的人。但古往今来凡是能够有所成就的人，必然是能够主导自己心性不为物质所惑、崇尚节俭之道的人，因此追求成功就要向这些人看齐。

◎为父教子当严。夫妻二人虽为一体，但在家中扮演的角色、承担的责任终究有所不同，因此在教育子女时的态度也应该有所区分。母亲天性慈柔，教子也趋于温柔亲昵，因此身为父亲就不可不多一份严厉。为人处世最佳的性格、态度就是兼顾怀柔与刚毅，性格善良虽是好事，但一味的怀柔就会显得懦弱，难以坚守自己的原则而为人所欺，因此身为男儿的父亲就务必教给孩子刚强坚毅的道理。想要教给孩子刚毅，自己本身就不可对孩子过于宠溺，否则言传身教之下孩子的性格就会发展偏颇，长大之后想要纠正也是来不及的。

◎为子不忘孝道。司马光虽然精于治学，但其思想却是中国古代保守士大夫一类的典型，因此对于君臣父子一类的宗法纲常伦理极为强调。人生在世不过数十载，个人能力也总有高下之别，因此为人子者不一定非要追求功名利禄之显贵腾达，但务必要善待自己的父母，全尽自己的孝道。即使是为了赡养父母而不得不汲汲营营四处筹谋，也不可忘了自己疲于奔波背后的初始目标为何，不可因此而疏忽了对父母的陪伴、照应。为人即使再有成就，一旦不能对父母有所意义也难免会显出苍白无力。

◎为妻当知贤淑。身为父亲不可不严厉，身为儿子不可不孝顺，身为妻子不可不贤淑。虽然司马光的这一家训是以封建纲常伦理为出发点，但放之于现世也仍然不失其正确。虽然时过境迁，但身为今日的一家女主人，身上同样肩负家庭之计、教子之责，因此不可不知勤俭贤淑之道。不论个人心性如何，唯有居家不忘贤淑之道，才能在家庭理财、子女教育等方面保持正确的观念与态度，使家庭整治紊然有序，子女修德有所参照。妻子虽为女流，但其实却是丈夫、子女及整个家庭的支柱，意义重大而深远。

◎居家各守本分。人生处世皆有道可依循，居家生活亦然。身为夫、妻、父、母、子、长辈都应该秉持自己该有的原则和态度，对于家庭其他成员做到关爱照顾、和睦共处。这一家训是基于封建纲常伦理而立，但对于当今之世种种家庭矛盾的处理却仍不失是一剂良方。当今社会常见夫妻失和、婆媳纷争、姑嫂不睦、父子反目一类家庭矛盾的新闻报道，这都是由于家庭成员之间不能明了自己所扮演角色的背后意义所致。家庭成员不论男女长幼都有自己所要尽的义务，不守本分必然给家庭带来裂痕。

【司马光家训故事·读书爱书】

净案、坐正、指轻

《资治通鉴》是我国最早最大的一部编年体通史，共计 249 卷，是司马光花费了 19 年的心血才编纂而成。其书记载了从战国至五代总共 1362 年间的重大史实，为统治者提供了丰富的治事借鉴，因此被当时的皇帝宋神宗定名为《资治通鉴》。在编纂《资治通鉴》之时，司马光有意让儿子司马康也加入其中，一方面增长其才学，一方面教导他读书之道。

司马康翻书之时习惯用指甲接触书页翻阅，因此司马光告诉他应当如何爱护书籍：翻书之前先把桌子擦干净，以免书本蒙尘；读书之时要坐姿端正；翻书之时要侧着手指轻轻翻动避免用指甲留下划痕。这种严谨的读书风范使得司马康大受裨益。

苏洵：人为万物之灵，所行理当有道

人禀天地正气，原为万物之灵。家齐而后国治，正己始可修身。

——苏洵《安乐铭》

苏洵是北宋著名的文学家，与其子苏轼、苏辙合称为“三苏”，父子三人更同列为“唐宋八大家”。苏洵写文以散文为长，尤其擅于政论文体，其著作主要有《嘉祐集》20卷和《谥法》三卷。其诗则以五言诗为长，风格雄浑苍劲，只是比之散文有所不及。除了诗文以外，苏洵在谱学方面也独有建树，其苏氏谱例至今仍是许多家族修谱的范例。苏洵信奉道教，其家训格言《安乐铭》从文题上也可看出几分淡泊之意，其内容文辞通俗对仗而又涵盖多方，对于常人治家一事颇多可供借鉴之处：

◎治世先立自身。立志当存高远，这是许多名人家训中都会提及的主旨。但不论立下何等伟大志向，想要达成都必须从自身的精进做起。如果缺乏足够的德行与能力，即使志向再崇高善良也无济于事，此时就算给予机会，也只能把事情导向不利的方向。古往今来失德失能而居于高位的皇帝，莫不给朝堂乃至整个天下带来灾祸，由此可见构建自身的可贵。唯有先以自身的改变为起始，才能逐步改变一家一室，而后一乡一邻，最后才有可能席卷天下。强调自身为本，不仅是出于维护之意，更是勉励之意。

◎出入必告父母。古时交通多有不便，为此圣贤才留有“父母在，不远游，游必有方”的训诫，这是出于父母关怀子女、需要子女的考虑。今时今日虽然交通便捷、联系方便，但出于父母和自身的健康安全考虑，在出行之时最好还是将自己的目的地讲明。一旦父母遇上突发情况，也可以及时联系到儿女，寻求儿女的帮助；一旦子女遇到意外情况，父母也能从子女的信息中去寻找关键。很多年轻人对于父母在自己出行之前的反复嘱托不耐其烦，却不知这一嘱托背后爱意深远。

◎分家明算财产。一个家庭中的兄弟姐妹即使小时候再好，但随着成长组建了各自的家庭之后，最好还是分开居住，这样不仅可以避免家族成员共挤一堂带来的嘈杂纷争，更可以保留自己的温馨家庭环境，可说一举两得。但既然分开，很多时候就会涉及分家一事。出于年老思维跟不上又或是心思暗昧的缘故，许多老人在子女分家的问题上含糊不清，没有明确的规划或者干脆不作回应，以致子女各种明争暗斗、反目成仇，家族也随之分崩、衰败，令人可叹。身为老人，对于子女分家一事应该开明地去看待，处理好这一问题。

◎抚养亡亲遗子。苏洵的家训多是针对具体问题而言，这一家规尤其如此。即使是同出一个家庭的兄弟姐妹，长大之后也各有缘法际遇，穷通贫富不可预料，生死福祸更是难说。面对早逝亲人遗留下来的年幼子女，常人亦有恻隐之心，何况是血缘之亲？身为亲人，除了心存同情之外，还应该尽到自己的亲人义务去尽力抚养。亡亲生前与自己本有交情，如果一味思恋自己的财富而行止失义，使得这份亲缘就此断绝、泯灭，又如何说得上人心可贵、人情可贵呢？

◎夫妻情谊坚贞。“十年修得同船渡，百年修得共枕眠”，男女二人能够结合在一起共度一生，不仅浪漫，更是可贵。因此夫妻二人对于对方都应该爱护有加、体恤有加，让这份感情随着时间愈发深沉醇厚，而非渐渐消散，人亦反目成仇。要想维护彼此之间的情谊，就应该以发自内心去表达自己的爱与关怀为首要与基础，如果失了内心的诚意，即使物质再丰厚也无法打动一颗心。夫妻之间有幸结合在一起，就应该以对方的人为本，如果轻人而重物，这份感情不论初始多么美好，最终也会腐朽、败坏。

◎养子不以金玉。父母爱子，便会把自己的一切心血都倾注在孩子身上，把最好的物质享受都留给孩子，富贵之家的孩子更是从小穿金戴银，享尽奢华。但金玉之器即使再为贵重，所修饰的也只能止于孩子的外在，如果孩子因此从小养成了骄奢放纵的心态，以金玉养子反而会败尽金玉，更败坏人心。因此父母爱孩子应该有更长远、更深入的认识，与其将物质全部倾注于孩子，不如利用物质条件去为孩子的成长打造一个更好的上进平台，这样一来，自己辛辛苦苦积累的财富才是真正发挥了对孩子的作用。

◎尽量成人之美。人生在世只要有所追求，就会有所执，这一份执念虽然可贵，但最终往往并不能全部达成。如果耽溺于这份执着，不仅于己于事无益，还会给他人带来困扰。人要过得快乐，总是离不开坦荡的胸襟，对于他人的期盼，应该在自己力所能及的范围内尽量去成全。面对自己无能为力的事情，促成他人实现同样也会是一种成就，同样能够给自己带来些许的欣慰。对于自己不甚在意却对别人大有助益的事情就更是如此，小小地付出不仅是一份善意，更是一段善缘。

◎不可落井下石。即使是德行完备、高风亮节的圣人，也会因自身的贤良遭受忌妒，作为常人在社会中摸爬滚打，与他人的冲突就更是不可避免。如何面对那些与自己有嫌隙的人，同样是一种对自己内心的考验。面对那些对自己不善而又陷于困境的人，即使是品行良善的人内心也很少能够做到彻底平静，但即使如此，也不能在这个时候火上浇油，给对方增添困扰。落井下石看似一时快意，实际上反而使得双方仇怨更深，更是对自己德行的妨害，可说是得不偿失的举动。

◎注重社交礼节。在生活中与人交往有诸多需要注意的细节，越是正式隆重的场合就越是需要注意自己的一言一行。如果在正式的社交中缺乏起码的礼节常识，败坏的就不只是自己的形象和声誉，更会令在场的相关人士也同样损失颜面，更可能因此蒙受巨大的利益损失。这样一来，破坏形象还只是小事，如果因此冒犯他人，使他人对自己心生不满与嫌隙就是失礼之举了。社交场合人数众多，各人心性良莠参差，这种情况极容易出现。因此在社交之中，一定要使自己的一言一行都符合“礼”。

◎不沾败家恶习。及时行乐对于人生而言并无不妥之处，关键只在乐的着眼之处。圣贤以教化天下万物为乐，文士以学问诗书礼乐为乐，兵士以保卫家国安全为乐，常人以家庭和睦幸福为乐，这些都是人间大乐，也是人间正乐，以此为追求，人生才能在乐中不失意义。而那些寻花问柳、狂嫖滥赌的举动，看似快乐，实则是放纵人的邪欲、榨取人的精力，使人的精神身体日益损耗，最终败坏身家。这种乐只有到了人彻底衰竭之时才会停止，此时审视才会发现不过是虚妄，这就是邪乐与正乐的高下区别所在。

【苏洵家训故事·藏书诱子】

以好奇心引导子女

苏洵与其两个儿子苏轼、苏辙都是宋代著名的文豪，但三人都并非是自幼好学之人。苏洵早年喜爱游荡，直至25岁时才深感自己消磨了大好时光，于是发奋读书而有成。苏轼与苏辙自小顽皮不爱读书，为了不让他们步自己的后尘，苏洵想尽了一切办法教育兄弟俩。

每当苏轼和苏辙在一起玩耍时，苏洵便远远走开躲到一个角落里看书，等苏轼和苏辙一走近，他便将书藏起来不让兄弟俩看到。这种欲擒故纵的做法果然吸引了苏轼和苏辙，在强烈的好奇心驱使之下，苏轼与苏辙经常趁着苏洵不在家偷偷翻阅书籍，终于体会到了书中世界的美好，因此勤奋读书，终于学有所成。

黄庭坚：家和万事可兴，不睦须臾则败

愿以吾言敷而告之，吾族敦睦当自吾子起。若夫子孙荣昌，世继无穷，吾言岂小补哉！

——黄庭坚《家训》

黄庭坚是北宋著名的文学家、书法家，曾游学于苏轼门下，并与苏轼、米芾、蔡襄（一说为蔡京）并称为“苏黄米蔡”宋四家。黄庭坚的诗作比之苏轼虽略有差距，但其作风格也对后世影响甚巨，因此不论后世是褒是贬，都会将其与苏轼一并拿来做评判。黄庭坚也曾担任朝廷官职，但由于自身为人耿直敢言而受到奸佞的妒忌，屡遭贬谪，但其本人却甚为淡泊不以为意。在40岁那年，黄庭坚回顾自身往事，眼观家族兴衰，深感家庭和睦的重要性，于是写下了《家训》一文，告诫儿子治家不忘和睦之本：

◎治家有道。一个家族想要兴旺繁盛，就必须要管理有道，尤其是人口众多的大家庭，人一多，纷争冲突也就多，如果没有一个统一的规矩原则，即使累积再多的财富、拥有再高地位，最终也会分崩离析，衰落败坏。治理家族，就要在生活和处事上对每一位家庭成员都有所规范，讲求一致与和睦。如果有所偏爱，就会产生对立；如果行径放纵，亲人也会不满。一旦在家族中埋下矛盾与裂痕，随着时光的推移、老一辈的远去、后世子孙血脉的淡薄，矛盾就会彻底爆发不可收拾。

◎追求远大。古往今来，历朝历代都涌现出许多名门望族，但即使一时兴盛至极，最后也不免是“旧时王谢堂前燕，飞入寻常百姓家”的

结局，起高楼、宴宾客、高楼坍，似乎是富贵家族永远无法摆脱的宿命轮回。论其缘由，多是其后世子孙自得于家族背景而不知形势变易、不求精进所致。即使父辈的名望再好、家族的地位再高，终究不是自己可以终身依仗的凭恃，如果自己的眼光不能超脱家族门第的局限，就只能随着家族一并衰落。因此身为人子不能遗忘、辜负父辈的期望，应该志于进修德业，光大门庭。

◎不轻树敌。树大必然招风，兴盛的家族同样易于引起他人的关注，以及不怀好意者的惦记。如果家族中的子弟因自身显赫的地位身世背景而骄纵，就必然在无形之中触犯更多人的尊严和利益，为此树敌甚至陷入孤立而不自知。一个家族即使再怎么严加管教，子弟中也难免会有贤与不肖之分，处事也一定会给家族带来顾忌。一旦有心人利用这一点，就会影响到整个家族的荣辱甚至是兴衰，到时众口铄金，一个家族的名声再盛也难以摆脱是非旋涡。因此每一个人不论地位能力，都要顾及自己对家族的影响，为人宽厚，不轻易树敌。

◎不患得失。人人喜欢得到而厌恶失去，但得失之间却并不是全由人来主宰。尤其是身处一个家族之内，彼此都是对方的依仗，就更没必要为了一些微小的得失而斤斤计较，患得患失。患于得失，自己的眼中就只有得失之利，即使追求到蝇头小利也会失去人和。这样一来，同处一家门庭却嫌隙渐长，即使是亲兄弟也会日渐疏远，家庭一旦失和，后世子孙的幸福也会受到影响。因此，同宗同族之人对于利益得失的经营计较要尤为慎重，不可利令智昏、因小失大。

◎兄弟互助。“一尺布，尚可缝；一斗粟，尚可舂；兄弟二人，不能相容。”这是《史记》中民间百姓对于汉文帝与淮南厉王兄弟二人不能相容的感叹，言辞虽简，读来却备感其哀。即使是同出一母的亲兄弟也各有自己的命数，富贵腾达之事不可强求。但兄弟之间本当成为彼此最坚实的依靠，如果为了些许利益而拒绝在对方困顿时加以援助就太令人寒心。为人父母之所以生养兄弟，也是希望子女能够彼此和睦互相扶持，共同撑起一个家庭。如果忽略父母的这一心声也有违孝道。

◎珍惜天伦。比起物质利益，家族成员之间的亲情更为可贵，即使堆积满堂金玉，但如果没有亲人陪伴共聚天伦，人的内心也会无可寄托。有的人一生汲汲营营于富贵名利，为此忽略身边亲人、远离家乡故土，即使真的能够有所成就，往往也已经错过了很多人与事。还有一部分人为了自己的利益疏远穷困的宗族亲人，或是与亲人产生剧烈的矛盾，即使是父子之亲也不能避免，令人唏嘘感叹。人生至乐莫过于亲人都在身边相伴，不论身处何时何地，心中当不忘故土、不远亲人。

【黄庭坚家训故事·涤亲溺器】

不以官职之显，失其子职之常

黄庭坚不仅自幼聪明好学，而且非常孝顺父母，即使是在为官之后仍然不忘亲自照顾母亲的起居，力求每件事情都让自己的老母亲开心。

黄庭坚的老母亲喜好干净，对于卫生一事特别在意。古时没有现在社会的马桶，因此人们都会在屋子内放置一个应急便桶，以供起夜如厕之用。便桶每天都需要洗刷，以供晚上之用，因此黄庭坚十分担心家中仆人清洗便桶不够干净，使自己的母亲心中不适。于是他每天都亲自为母亲洗刷便桶，数十年间未曾有一日中断。

黄庭坚的朋友对他的这一做法非常不解，认为这样卑贱的活儿不该由他亲自来做。但黄庭坚认为孝乃人子之本，不论人子从事何事都不应该忘记自己的本分。他的孝心情真意切，因此被选入二十四孝。

陆九韶：爱子当知正本，制用当知有度

愚谓人之爱子，但当教之以孝弟忠信。所读须先六经论孟，通晓大义。明父子君臣夫妇昆弟朋友之节。知正心修身齐家治国平天下之道。

——陆九韶《居家正本制用篇》

提起陆九韶，很多人可能觉得陌生，但说起陆王心学，研读明史的读者绝对不会陌生。陆九渊与王阳明是儒门心学一脉的代表人物，陆九韶正是陆九渊的四哥，同时也与其弟弟陆九龄、陆九渊合称为“三陆”。陆九韶虽然声名较之其弟略有不及，但也是一位儒学大家，曾与朱熹就学说分歧论战并指出朱熹的错误，可见其学问渊博。不仅在学问上可与朱熹比拟，陆九韶同样也是一位对修身齐家之道情有独钟的儒者，他在《居家正本制用篇》中所阐述的治家之方正也同样不违此道：

◎教子仁义为本。人人都希望自己的子女出人头地、飞黄腾达，因此鲜有对子女不加教育者。但困于世俗的物质利益之惑，父母教子往往带有很大的功利色彩，强调物质而轻视人格培养。富贵虽然是圣人也想要的，但也应该取之有道，如果不义而富贵，不但无法得到别人发自内心的尊重，也会为自己带来祸患。因此父母教子该以仁义之道为第一，这样一来不论日后子女穷通与否都能够自得生活之乐，也能得到别人的尊重。

◎仕宦不必强求。读书致仕历来是古人教子读书的出发点，就像今人教育子女往往言必称“大学毕业考公务员”一样，虽然方式、内容有少许出入，但对于官场的一腔热情却是千年不曾消减。但古往今来往官场中挤得头破血流者大有人在，能够拿到名额的也只是少数。何况如果子女的德行教育不够完备，对仁义之道缺乏认可，即使身居要位也难以行端坐正，贪赃枉法的行为也难以避免，一旦事发终究还是不能保全自己。人生在世各有其道，父母最重要的是对子女多一分耐心，多一分鼓励与支持。

◎居家不忘理财。居家生活总是离不开柴米油盐酱醋茶这七项基本事，更有教育子女、赡养老人的诸多问题，因此身为一家之主对于钱财之事就不能轻忽。在规划生活各项事宜时要充分做好未雨绸缪的工作，不仅要考虑到正常生活的花销，还要考虑一些潜在的消费，对于每一项都要有所思虑、准备，只有这样才能做到节流。当今社会中的年轻新晋夫妻由于生活阅历浅薄，于此事上最易犯迷糊，因此要特别注意。

◎钱财不必妄施。人皆有恻隐周济之心，但对于施舍钱财一事也要保持理性认知。陆九韶的这一训诫是针对僧道而言，在他看来，穷困的邻居、落魄的贤才和饥寒的农户才是应该扶助的对象，那些不事生产的僧道之流不过是国之蠹虫，施舍他们是对躬耕农人的最大不公。这一观点自然与其儒门宗师立场有关，但对于那些迷信宗教的信徒来说却是最好的劝勉。世间多有信神而忘人的愚民信徒，不顾家中老人与幼子而贪求功德果报，为此耗尽家财徒然苦了自己的家人。对于他们而言，陆九韶的训诫应当令其警醒。

◎不作败家之乐。古往今来的败家子数不可尽，但其败坏门庭的路数却也不离笑、游、饮食、土木、争讼、玩好、惰慢的放纵享乐之事。人心欲望的深渊不可测其根底，即使家中累积了不可胜数的财富，也不足以拿来填补。一旦放纵败家之乐，对于周济穷苦的善行也必然无法接受，这样一来也会招惹他人的不满与记恨，即使是自己的子孙也会受到长辈不仁的牵连。因此为人当知警惕，对于一切声色犬马的活动务必保持一份距离。

◎不可强充门面。人与人往来之间要讲求礼节，为此有所花费也是情义所在，是彼此心意的表明，因此可说是符合情理之举。但事有轻重缓急之分，财有多寡贫富之别，如果动辄讲究排场强充脸面，不仅使对方背负心理情感的压力，对于自己的家庭更是不负责任的行为。如果家庭条件有限，就不该盲目跟从社会风气去加重自己的负担，而应该专注于经营生计，为家人提供基本的生活并在此基础上开源节流。打肿脸充胖子并不能真正赢得别人的另眼相看，反而会沦为别人的笑柄。

◎不因贫废礼义。限于经济条件，居家生活要对日常种种开支有所斟酌、取舍，不能强充门面，但对于礼义之事却仍然要坚持。孝悌是为人之本，不论生活条件如何都不能忽略对父母长辈的赡养义务。不论是就事而论，还是就人而论，父母都重于其他亲友，尽孝都重于应酬琐事。因此为人居家当知事情的轻重之别，对于孝悌这等仁义之本的大事尽最大限度的心力。只要如此，其余亲友也会理解自己的一片孝心，即使自己招待有限也会更加理解、赞同。

【陆九韶家训故事·家国同构】

众弟子轮流管家，各负其责

陆九韶一共有六位兄弟，除他以外其余五位分别叫作九思、九叙、九皋、九龄和九渊，兄弟六人个个都是精于学问的出类拔萃之士，陆九韶更与陆九龄、陆九渊并称为“三陆”。陆家兄弟之所以能够有此成就，与其父陆贺的教导密不可分。

陆贺也是一位精通孔孟之学的饱学之士，出于对“修齐治平”理念的推崇与贯彻，他奉行“家国同构”的治家理念，数代同堂，同灶吃饭，由家长一人主事，其余子弟轮流协助他管理家事，其余人则分别承担农田、租税、宴客、出纳等各项生活事宜，井然有序不失条理。正是这种严格的治家方式，使陆家六兄弟大受裨益。

赵鼎：治家贵在有统一规章以供遵循

白首何归，怅余生之无几；丹心未泯，誓九死以不移。

——赵鼎

赵鼎是北宋末南宋初的著名政治家，于宋徽宗年间考中进士，官至河南洛阳令。靖康之变后，赵鼎听说康王赵构在应天府被拥立为帝（即宋高宗）便果断投奔，并多次提出了值得采纳的建议，因此深受高宗器重，后来更是一路破格提升，直至官居参知政事（副宰相），并多次指挥军队打退金国攻击，被史书誉为是“中兴贤相之首”。可惜的是，由于高宗奉行投降路线，赵鼎最终被罢去相位，并屡遭贬谪，最终为免遭到秦桧的陷害而自杀，并留下“身骑箕尾归天上，气作山河壮本朝”的壮烈遗言，忠肝义胆字字可见。赵鼎的《家训笔录》是其专就子女治家的各项琐碎问题而写，可说是治家理事良方：

◎助亲在于自愿。人皆有恻隐之心，即使是面对素昧平生的可怜人也经常伸出援手，更何况是有血缘之亲的同宗亲人。但人生在世都有各自的难处，即使是亲情也不该成为绑架别人道德用以成全自己的工具。如果自恃亲缘关系而不体恤别人，一味强调别人付出，不仅是不通情理的表现，更是无能懦夫的行径。天行之道在于自强，挟亲自居的做法徒然令人不齿而已。当然，作为有能力有条件的人，面对亲人的困顿更该比面对他人时多一份关切体恤之意，若一直等到他人开口仍有所犹疑，显然也有负亲情了。

◎大事咨询全族。古时的宗族关系远比今日更为紧密，法律条令也往往因一人之行而波及全族，因此面对一些攸关重大的是非问题，妄图凭借一人之力就做出决断，不仅是自负托大的行为，更是不负责任的行为。今时虽然没有古时那般清晰的宗法制度，但一个家族内部也总会有需要面对共同问题的时候，这个时候对于群体的意见同样需要加以重视和采纳，群策群力去解决。参考群体意见、依靠集体力量，是对所有人都尊重、负责的表现，因此这一做法即使放到一家一室的背景下只会更加适用。

◎家产交割要慎。常人辛苦半生所获，往往也只是很微末的一部分家产，但这份家产即使微小也对人意义非凡。出于各种原因，家产也需要流通，在这一时候就要特别慎重、准备周全。世间总不乏机心狡诈、好夺人财之徒，家产的买卖、交割对其而言往往是倾轧别人的大好良机。如果一时不慎着了其道儿，必然会陷入各种烦琐的扯皮，不仅财产受损，身心更是受累。人辛苦一生也只是为了让自己过得更幸福一点，如果因最后的不慎而马失前蹄，内心又会是何等的凄怆悲凉？

◎统一人情之礼。人情之道，礼尚往来，在这你来我往之间不仅有情谊，更有道理，如果失了道理，情谊也会因此受到破坏。人情交往通常都会伴随着金钱物质而往来，同宗家族内部就更是有其规则。即使是同宗子弟，家境也有贫富之分，如果在这种往来上没有个统一的标准，往往会导致富者贫者各自心怀不满与嫉恨。不论对这种不成文的规矩抱持着何种态度，都不能否认其对于家族内部甚至是外部交际圈都发挥着影响作用，与其支支吾吾地彼此回避，倒不如索性痛痛快快达成一致，这样才更能消除彼此间可能产生的嫌隙。

【赵鼎家训故事·戒恶为首】

子孙所为不肖，败坏家风

在治家一事上，赵鼎认为最重要的一点是教育子女崇尚善德，不能为恶。孝悌、勤廉都是为人的本分，如果违背了这些准则，不仅自身失德，更会败坏整个家风。

在《家训笔录》中赵鼎特意定了一条规矩：凡是有子弟不知廉耻、犯下恶行，便由家族中人共同推举出来的主事者出面号召，把所有的子弟都叫到大堂前，当着所有人的面斥责犯下过错的人，责令其认错、改过。如果犯下的过错较大，甚至可以当着全体人员的面进行责罚，如果再犯就再罚，绝不姑息纵容。不论是赌博酗酒还是好逸恶劳，这些行为都决不可有。

叶梦得：治生重在诚意，治事重在用心

霜降碧天静，秋事促西风。寒声隐地，初听中夜入梧桐。起瞰高城回望，寥落关河千里，一醉与君同。叠鼓闹清晓，飞骑引雕弓。岁将晚，客争笑，问衰翁。平生豪气安在，沈领为谁雄。何似当筵虎士，挥手弦声响处，双雁落遥空。老矣真堪愧，回首望云中。

——叶梦得《水调歌头》

叶梦得是宋代的一位著名词人，其创作观点主要是强调以“气”入词，其词既有豪雄之气，又有狂逸之气，对南宋初年的词坛文风转变产生了重要影响。叶梦得出身于文人世家，其从祖父便是北宋的一代名臣叶清臣。叶梦得本人也是进士及第，先后在北宋、南宋两代都担任了重要官职。由于入朝之后和北宋著名的弄臣蔡京交往密切，叶梦得曾被后世之人质疑是阿谀奉承权贵、鼓吹求和于金的小人，但根据今人考证则不然。叶梦得晚年辞官之后自号石林居士，其作品也多以石林命名，就连治家之书也命名为《石林家训》、《石林治生家训要略》，其中专讲居家

度日、进修品德的道理：

◎治生不忘自身。谋生一事是每个人都不能回避的问题，即使是那些先天有所障碍、后天遭逢变故而处境凄惨的人，也都在为了自己的人生而咬牙忍耐，如果是身心健全的人就更该鼓起斗志。但很多人为了拼搏却忽略了对自身的关怀爱惜，这种做法也是一种迷惑。人一生所求也许众多，但最贵重的莫过于自己健全的身心，这可以说是人最为贵重之宝。即使自己肩负着家庭的重担、家人的期许，也更应该在体恤亲人之余体恤自己，否则自己一旦累垮，对于家庭亲人与自己而言不都是另一种辜负吗?

◎治生不在物欲。承担家庭责任、为生计一事奔波，所求虽然更多的体现在物质条件上，但却不能等同于追求物欲。人的欲望实在是无穷无尽，如果想着满足自己的物欲而辛劳，到最后若非是累垮自己，便是误入歧途，这一做法对于家庭对于自己都可谓是“不仁”了。为了家庭而奋斗，最根本的追求还是家庭的美满幸福，如果偏执于物欲而不能自拔，所期待的幸福美满即使已经追求到手最终也会沉沦在自己的物欲中。那些沾染赌博、吸毒一类恶习而导致美满家庭破裂的事例古今以来不可胜数，足以说明欲望的可怕。

◎置业不贪便宜。置办家业是每个家庭生活中都要面对的问题，这不仅是对物质条件的追求，更是享受幸福美满生活不能缺少的条件。但每一份家业只有通过自己实打实地努力，凝聚了自己的心血与汗水才是踏实可靠、令人安心的，如果是来路不正的小便宜，即使拿到了手里心中也会不安。何况，自己添置的每一份家业都不是自己一个人在享受，而是家庭成员共同在使用，如果贪图一时便宜，不良的后果也会扩散到家庭中的每一个人身上。对于关乎家庭成员的每一项事情，总是要抱着严谨端正的态度才最为可取。

◎破家重整要慎。家庭的幸福美满并非一帆风顺，由于个人心性的不同或者意外的变故，即使再怎么努力挽回，仍有相当一部分人的家庭最终会陷于破裂。但这种破裂不是常态，一个家庭终究是完整最好。但一个破碎的家庭想要重整，对于每一个当事人而言都是一件重大的事情。个别当事人即使再有意愿，如果不顾其他人的感受就贸然组合，即使能够组成一个家庭的躯壳，也仍然缺乏一个家庭最该有的凝聚力。届时，不仅自己所憧憬的美好是一场虚妄，现实的种种困扰反而会使所有当事人都陷入疲弊不堪。

◎尽心重于尽力。人力限于体能往往有尽，但一颗历尽千重罪而磨炼出来的不死之心却能够使自己遭遇再多挫败都不失面对的勇气，这就是心力有贵于体力的缘故。体力有限而心意无限，如果以尽力作为标准，自己的成就也就止于有限的体力所能达到；如果坚守心意不言放弃，即使是高明的圣贤也无法断言自己最终能够走到哪一步，因此凡事当以尽心为上。而且，但凡是尽心去做的事情，不仅仅能够做得更多，在结果上也会因自己的心血投入而更加优质，这更是心力的可贵之处。

◎学前不可妄想。古人常说“学而优则仕”，学习虽然是为了其他的目的，但只有学到了一定的程度，拥有了足够的智慧与能力，才能去进行下一步骤的计划，对于大多数天资平平的人来说，这是一个长期的、循序渐进的过程。有的人所学有限却期许过高，甚至在没有学习之前就先妄想如何成就，不仅不切实际浪费精力，更容易因为学习过程中的失败心生挫败感，为此对学习失去信心。处在学习的阶段，就应该一心一意考虑学习之事，将其余无关紧要的事情抛诸脑后才是最明智的做法。

◎毕事然后安睡。人的意志往往没有自己想象的坚定，现实生活中又有许多事情需要自己分出部分精神来应付，这样一来对于自己所要坚持的一些事情，人们都会心生懈怠，产生拖延的想法。但如果真是重要的事情，每拖一日就会有更多未知的变数在等着自己，何况拖延大事之后即使早早躺在床上，也会睡不安稳，何妨鼓起精神来达成自己预定的目标呢？心中常常怀抱着“事不完成不能安睡”的自我暗示，就可以起到对自己的勉励作用，这样不仅无损身心，反而更有益于达成目标，何乐而不为呢？

◎奉亲不可欺瞒。对于侍奉双亲是以行为主还是以心为重，基于社会成员财力与地位的悬殊，古往今来的人都各有所取，并无统一说法。但不论是以何为主，孝顺双亲就不该对双亲心存欺瞒。父母即使年高老迈，心中也有自己的担忧，更有知情的权利，人子即使是出于善意的目的，在是非问题上也应该尊重父母，真正让父母能够放下心来，这才可说是真正的孝，尤其是事关父母之时更该如此。至于表面对双亲恭敬，暗中却违背双亲意志做一些奸宄之事的行为，不仅自身会受辱，就连父母的名声也会遭到损害，可说是大逆不孝。

【叶梦得家训故事·莫学衰翁】

少年豪放，莫学衰翁样

后人对叶梦得一生的为人颇有质疑，大多集中在其与蔡京结交并污蔑忠良、在南宋时向世人鼓吹对金乞和等事情上。但从其为官经历来看，先是反对蔡京不分是非地复行旧法，又在蔡京推荐童贯之时出言反对驳斥，并非是与蔡京沆瀣一气之人。且其词作多有边塞豪放之词，也不似一个懦弱求和之人所能写成。

叶梦得晚年曾写过一首《点绛唇》，感叹自己年老力衰，鼓励后辈要放纵意气，展现少年风采。全词为：“缥缈危亭，笑谈独在千峰上。与谁同赏。万里横烟浪。老去情怀，犹作天涯想。空惆怅。少年豪放。莫学衰翁样。”在词中，叶梦得特意强调后辈子弟不应该效仿老一辈的颓废，而应该有志在山河天下，靖平万里沧波的伟大志向，读来令人热血沸腾。

于成龙：道虽迂远却不可轻忽

夫受人钱而不与干事，则鬼神呵责，必为犬马报人。受人财而替人枉法，则法律森严，定为妻孥连累。清夜自省，不禁汗流，是不可不戒。

——于成龙

于成龙是清朝顺治、康熙年间的大臣，少年艰辛而大器晚成。他在44岁那年才被委任为罗城县令，开始仕宦生涯。但在四年之后，于成龙便一路青云，历任知州、知府、二司、巡抚、总督、兵部尚书和大学士等职位，死后更被追赠为太子太保。于成龙为官20载，政绩显著而又清廉奉公，被称为是“天下第一廉吏”。于成龙认为唯有注重家教，才能使仁德谦让之风兴于天下，因此在其家训中对自己的子女提出了道虽迂远不可忽的要求：

◎经营之计在勤。为人处世谋求生存，各有不同的价值观念与道路，如果想要谋求富裕的生活，就不能通过安稳不变的工作，经商才是最佳的选择。但世间经营商道的人也不在少数，可真正富贵显赫的也只不过是其中一部分，能够站在顶尖的更是屈指可数，这说到底是经营方法的问题。经商致富自有其门道，但其根本也离不开勤之一字。同样经商，有人勤于门店之事，有人勤于进出之源，有人勤于待客流通，所以能够经营有成。有的人则不然，虽然经营商道，却对门店之事甚不上心，懒惰成性，如此一来绝无致富可能。

◎夫妻相敬如宾。夫妻以没有血缘之亲的关系而走到一起，并成为彼此陪伴一生、风雨同舟的至亲之人，这种缘分可说世间最为珍贵。但世间谈婚论嫁喜结良缘的男女，却有许多没能如众人所祝愿的那般幸福和睦，反而争执不断，甚至聚而复散，令人唏嘘。夫妻和睦之道，不在于金钱外物，甚至也不需要太多共同话题，只要心念一个“敬”字，就足以抚平彼此之间的分歧。婚姻与爱情诸多不同，但夫妻二人只要彼此不忘最初在一起时的爱慕与尊敬，就足以携手一生和谐美满。

◎腾达不慢贫交。世人穷通各异，其中不乏少时困顿却心怀大志，以“莫欺少年穷”为念而努力拼搏，最终富贵显耀的成功人士，但在其成功之后却往往转过来轻慢少时贫交。即使腾达显耀之后富贵贫穷各不相同，但人与人的尊卑本无区分，以外物自恃高贵反而凸显内质有失。何况与富贵之后蜂拥攀附而来的人相比，在自己落魄之时就与自己相交的人才更是基于情义而非物质的真挚朋友，也更能体会自己的心声。富贵之后便抛弃旧情翻脸不认人，失去的就不仅仅是旧友，更是自己的一片初心。

◎居家亦要守矩。在正式公众场合要遵守礼节是为人处世的公理，但凡接受过教育的人都对此有所觉悟。但良好的习惯并非一朝一夕、一言一教培养而成，在自家这一私人场合也要遵守一些基本的社交规矩，这才是时刻不忘修身的慎独之道。如果一个人在家中放浪形骸成为习惯，在正式场合与人交往时就难免会做出诸多无礼的行径，使自己闹出笑话，也令亲友蒙羞。唯有在小处谨守，大节才能更好地保持。圣人眼见霜降，便知天寒冰冻将至，日常生活中对于礼仪之事也时时不可疏忽。

◎富贵当知济贫。富贵来之不易，如何享用更是令人心中迷惑。同样是修筑高台苑囿，文王的苑囿占地方圆 70 里，其国民还嫌其小；而齐宣王的苑囿仅仅方圆 40 里就使得国民弃嫌其大，究其缘故不过是“共享”二字，圣人与君王的差别即在于此，富贵之人亦然。满室财富源自万民，最终也不免将散归万民而去，比起一人纵情声色的享乐，使乡邻之人都能同受其乐岂不是更加难得，这就是独乐不如众乐的道理。死守财富并不能带来什么满足，广施善舍却能使人生收获更多的快乐。

◎不可欺心作恶。世间没有天生的穷凶极恶之人，相处友善才是身处社会的正道，因此说为恶的行径从根本上是违逆本意的欺心之举。犯下大罪的人虽不乏心性邪恶之辈，但也都是由于后天环境所致，更何况还有许多是迫于一时无奈而违心犯禁之人。如果能够在遇到紧急情况的时候多一份冷静与理性，就能够在很多时候避免走入歧途，因此越是处于需要选择的境地就越是不能忽略了良善的心声。常人为恶也会遭受心灵折磨，一世为恶对于犯下错误的人来说也同样不可想象。因此还不如跟从内心良善，从一开始就杜绝恶途。

【于成龙家训故事·博施济众】

捐田亩、赠存粮、焚借据

于成龙虽然入仕很晚，但一生仕途却十分平顺平步青云，直至官居两江总督，可说位极人臣。但他为官两袖清风、清廉至极，及其去世之后检视箱中，竟只见得一套官服，不愧“天下第一廉吏”之名。于成龙一直都告诫子女即使富贵也要周济贫寒，然而他的子女做得比他教导的更好。

于成龙去世后，他的子女都躬耕乡下，日子十分清贫。但在于成龙去世后的两年，他的儿子于廷翼就把自家的五亩土地捐出来用以周济孤寡老人。后来，于成龙的老家又连接三年暴发各种自然灾害和瘟疫，物价飞涨民生艰难。于廷翼又和族人以借贷为名把家中的存粮拿出来接济贫困，事后却将所有借据统统焚毁，可说仁善之极。

张作霖：衣食住行都要严格规范

大丈夫生在天地之间，凡事恩怨分明。

——张作霖

张作霖是民国时期北洋军阀奉系首领，也是北洋军阀军政权统治民国时期的最后一位统治者。虽然身为一介武夫，但张作霖对于治家之道却也十分重视。张作霖的家族成员人数较多，共有六妻八子六女，想要管理颇须费一番心思，因此张作霖制定了十条极为严格的家规以供治家之用。不过，由于出身贫农，再加上曾投身绿林，为土匪莽夫一类，张作霖胸中墨水有限，其订立下来的家规家训也大异于历代名人文士，其中更不乏令人倍觉荒诞、啼笑皆非之处，但其中一些治家规矩倒也值得一看：

◎严禁夫人干预政事，不听枕边风。作为掌权者，必须要保持清晰的头脑去任人、为事、决断，不能偏听一家一姓之言，尤其是妇人之言。纵观古代历史，身居要职、手握生杀大权而偏宠妻妾、偏听妇道人家之言而身死族灭者不知凡几。

◎严禁夫人聚众闲聊。由于女性心思细腻，心中所想往往更多，如此一来，女性之间相处，分歧往往更为明显。当今社会，家庭成员之间矛盾频频产生，尤其是婆媳、姑嫂、姐妹之间，往往因为一些微小的分歧而互生嗔怨、愤恨之心。《劝世歌·姑嫂和睦篇》曾有“姑嫂不和家必败，公婆恼怒暗心伤”之言，家庭成员之间如果不能互相理解、互相包容，对于家庭的繁荣兴盛只能留下阻碍。身为家庭一员，不仅自身要做到体谅容忍，对于其他成员之间的分歧也要尽力消除化解，维护家庭的和谐。

◎各房太太地位不分尊卑，均以夫人相称。张作霖的不分尊卑是为诸位太太而立，如今虽然是一夫一妻的社会，但“家族成员一律平等”的观念同样正确。尽管家中子女要孝顺父母、夫妻要互相照顾、晚辈要体恤长者，但也不意味着父母可以蛮横干涉子女、夫妻可以互相挑剔对方、长辈可以倚老卖老刁难。当今社会各种家庭矛盾的激增都与家庭内部人员之间不能正确看待彼此关系有关。家庭成员彼此之间应该把对方放到与自己同样的高度来看待事情、解决问题，如果自居高位俯视对方，这种高低的差距最终会成为一个家庭破碎的裂痕。

◎严禁夫人私自做寿。严禁夫人私自做寿，主要是从防奢侈和防贪敛两个角度而言。古代的贪官污吏往往借助做寿暴敛财产，纵然部分官员对自己能严于要求，但对于家人却难于顾及，轻纵家人仗势敛财，或是官员家人背后依仗权势为己谋私，最终招致灾祸的事例不胜枚举。当今许多大小官员，手中稍有权势便会以此自恃，巧立各种名目，如家人生日、父母去世、子女升学、住处乔迁等，借机暗示他人下属“表达心意”。如此丑陋行径实在为人所不齿。

◎严禁虐待下人。古来常人一旦显耀，家中往往男仆成群，婢女如云。一旦出门在外则前呼后拥，气势炽盛；返程回家则分道排列，极尽威仪。如此张扬心态之下，鲜有能保持谦卑爱下之心者。当今时代虽无主仆尊卑之分，但常人家中也会有保姆、保洁、维修等人员进出，工作中更有上级下属之别。身为父母应当教育子女从小就对家中的服务人员尊敬有礼，平等对待，切不可使他们自小便生出高人一等、鄙视劳工之心理。作为上级或管理者，对于下属员工同样要平等看待，不可颐指气使，自居身份，使众人离心离德。

◎实行严格的薪俸制，各夫人每月按时支取。古代大家族的子弟往往是按照尊卑之分，按时领取例钱，以供自己消费生活。当今为人父母者对子女的生活条件十分重视，往往自己箪食瓢饮、辛劳工作也要保证孩子的生活享受。殊不知如此一来，反而容易使子女耽溺于物质享乐。相比于带给孩子优越的物质条件，父母更应该注重培养他们积极坦荡、贫而能安的精神。一旦使孩子养成花钱大手大脚不知节制的恶习，即使家庭条件优越，即使孩子天资聪颖，到头来也很难守住家业。

◎饭菜实行等级分餐制，各夫人与子女分别在自己房间用餐。大家族吃饭自有一套礼仪规矩，张作霖的这一家规不论合理与否，都不离“规矩”二字。如今人们的生活起居与古人大有不同，但为人父母对于子女在进餐之时的礼仪教导仍不可或缺。虽然时代不同以往，进餐之时的诸多条条框框已经废弃，但其背后的“规矩”二字却依然存在于饭桌之上，人们进餐之时的言谈举止必须合于礼。为人父母在教育子女之时尤要注意，务必使孩子从小就懂得餐桌之上有其规矩，不可逾越唐突。

◎严格的作息时间，外出活动一律不允许超过晚十点钟。古代社会为便于管理，常常设有宵禁之令，现在的一些大城市虽然到了夜间也十分繁华，但夜晚的犯罪率总是高于白日，对于夜间出行仍然需要谨慎对待。而且身为达官显贵之家的子弟，如果夜深不归放浪在外，于安全、家声都有不利，如果沉溺于夜夜笙歌的享乐更是消磨少年意气，败坏家业。此外，夜间是人修养身心、养精蓄锐的时刻，夜间十点也正是最佳的入寝时间。人生立世以自身为根本，即使从爱护身心的角度出发也不该流连在外至于深夜。

◎重视子女文化教育，聘名师为子女启蒙。父母之爱子则为之计长远，说到长远，还有什么比子女的教育问题更重要的事情呢？世人皆知张作霖是一介粗人，但鲜有人知东北大学就始建于张作霖统治东北时期，张作霖为此投入人力财力不知凡几，甚至打出“宁可少养五万兵”的口号。张作霖一介粗鄙军阀却能深明教育之重，反观今日之父母却往往抱持着落后愚昧的粗鄙观点，在子女面前强调物质利益，轻视学习与知识，这不可不说是一种讽刺。为人父母当忌短视，万勿利令智昏而耽误子女求学之途。

◎子女婚姻不得自主，须由他一人包办。充分尊重个人意愿、恋爱婚姻男女自由，是当今普世传诵的价值观念，张作霖的这一家规显然应该摒弃。但“一生所托非良人”也确实是人生至悲之事，父母虽然不该蛮横干涉子女的婚姻，但对于子女的终身大事仍然需要操心。为人父母都希望子女一生平安幸福无虞，为此对子女的婚嫁就该考虑周全。首先要充分了解子女的婚恋意愿，在此基础上对子女的伴侣予以最大的善意和接纳并细加考察，不论抱持何种看法皆要用最温和的方式去为子女分析并提供意见，为子女的选择做出最大的助益。

【张作霖家训故事·大义灭亲】

在家犯错丢我脸，在外犯错坏风气

张作霖娶有六房太太，平日对她们颇为宠爱，但他所订立的十条家规，第一条便是禁止夫人干预政事，不听枕边风。可见其公私分明。张作霖与其第三位太太戴氏初逢之时，戴氏已嫁作他人妇，但张作霖对其前夫不惜采取威逼利诱的手段也要将其娶进家门，可见其对戴氏的倾心。

在张作霖入驻东北，成为一省首脑之后，这位戴夫人的胞弟也凭借其姐的关系进入大帅府，担任警卫一职。可是这位小舅子却是一游手好闲、泼皮无赖之辈，不但夜晚外出游荡，还用短枪将整个一条街上的路灯作为枪靶全部打碎。张作霖得到电灯公司的报告之后大为震怒，下令卫队长立即枪毙自己的这个小舅子。卫队长没有立即执行，几日过后，张作霖见到戴氏求情，方知小舅子尚未受刑，于是怒斥卫队长不听命令，严令其对小舅子立即执行死刑。并反复告诫家人：“在家犯错最多丢自己的脸，但在外面闯祸就会败坏全社会的风气。”戴氏本人则不胜悲痛，对张作霖无法谅解，最后削发为尼。

鲁迅：父母育子要有奉献一切的大爱

总而言之，觉醒的父母，完全应该是义务的，利他的，牺牲的，很不易做；而在中国尤不易做。中国觉醒的人，为想随顺长者解放幼者，便须一面清结旧账，一面开辟新路。就是开首所说的“自己背着因袭的重担，肩住了黑暗的闸门，放他们到宽阔光明的地方去；此后幸福的度日，合理的做人。”这是一件极伟大的要紧的事，也是一件极困苦艰难的事。

——鲁迅《我们怎样做父亲》

鲁迅是中国近代史上著名的文学家和思想家，在文、史、美术、翻译等学术领域都做出了重大的贡献。鲁迅也是“五四新文化运动”的重要参与人之一，更是中国现代文学的奠基人。鲁迅少时曾以“济天下病溺”为志向，赴日本留学学习医学，后来更随着眼界的拓宽而认识到“治国民心病更重于治身患”的道理，因此而有弃医从文、针砭人心以求国民人格独立健康的壮举。虽然到了现代，社会上的学者对于其人其思其行也有了很大的分歧，但不可否认他在粉碎封建旧文化，解放人们思想方面做出了杰出的贡献。在《我们怎样做父亲》一文中，鲁迅更是用犀利的言辞，对漫长封建社会以来社会上所遵行的家庭教育观念做了激烈批判，提出了更加以人为本的为人父母教子之道：

◎不可胁迫子女。父母对于幼小的子女，往往认为他们心智未开、难于自理，因此自小就采用以“主导”为精神实质的教育方式，长大之后因此与子女产生种种矛盾，更以长辈自居而不顾子女感受、蛮横干涉，也就不难理解了。但教育子女其实还有更高明的理念，就是“引导”。比起主导，引导能够更多地淡化自己的主观意志，在不违背大是大非的根本前提下，最大限度地调动子女自己的积极性，并能够使他们在快乐的精神状态下成长进步，追求更加幸福美满的人生。反倒是强加自己的主观意志往往引发不愿见的后果，对此父母更该警醒。

◎生子便要有爱。生子爱子本来是为人父母的本能，但在今时，许多年轻人自身心性尚未成熟、游戏放纵的欲望尚未摆脱、承担家庭责任的观念尚未养成，便因父母之故或是自身之意，匆匆组建家庭、生子育女，却连基本的养育子女方法都不知道，反而使孩子一出生便经历了许多磨难。现今社会上更有那些沉迷游戏以致子女饿病危及生命，又或是不知保护自己便偷尝禁果、事后将孩子丢弃或者戕害的无知年轻人，其所作所为可说天理难容，不仅毫无为人父人母的觉悟，更连人之一字都难以配称。结合这些社会现象，生子则爱子这一观念仍然是需要为人所谨记的。

◎不以世故教子。即使子女茁壮长大成人，在父母一类监护人眼中，也还保留着幼时那个咿呀学语、娇弱可爱的子女形象，因此对子女的担心总是绵绵不断。尤其是随着孩子长大，为了保证其日后平稳立足，父母往往会将自己的人生经验加以传授。但在父母的这份爱子之意当中，往往会夹杂很多虽非邪恶，但却于孩子不合时宜、弊大于利的世故观念，这些观念看似能够保护孩子，但往往也彻底断绝了孩子未来的无限可能。父母爱子的长远之道，要义之一即在于保证孩子最大限度地发展，教子以世故反而是一种妨害。

◎父母只有义务。鲁迅的言辞向来以犀利著称，其“觉醒的父母，完全应该是义务的，利他的，牺牲的”一言更是令人争议。毕竟自古以来，孝道便是诸善之首，如果父母只有义务，又将孝道置于何地呢？但是参考古往今来那些以养育之恩蛮横要求自己顺遂一己心愿的自私父母，这一言确实是最具攻击力的回敬。子女即使年龄再为幼小、领受父母恩情再为深重，也仍然是以一个人格独立的个体存在于世间的，没有人能以任何名义去干涉、阻挠、强迫其遵行自己的意志。尤其更有一些观念落后的父母，身为父母的义务责任没有尽到，还将子女视为工具（如落后乡村往往用女儿的毕生幸福来成全家中男儿），对此就更该做出反思。

【鲁迅家训故事·理解孩子】

孩子再小也不可忽视其感受

鲁迅教育子女的原则之一就是充分尊重孩子，照顾孩子的感受，哪怕孩子再小也要对其加以最大限度的理解，绝不敷衍塞责。

鲁迅只有一个儿子周海婴，因此鲁迅十分重视对孩子的教育。有一次，海婴听说父亲买了马戏团的票，认为自己也可以去看动物，于是十分高兴。但第二天才知道父母没有打算带自己，于是号啕大哭。鲁迅听说后没有责骂，而是耐心地解释了因为动物凶猛怕吓到他这一原因，并在后来专程带海婴去看了只有小丑和驯马的马戏。

又一次，鲁迅在家招待客人，海婴老是说自己碗里的菜不新鲜，但客人们却表示口感正常。面对海婴的不依不饶，鲁迅没有斥责，而是夹起海婴碗里的菜尝了尝，才发现确实有一部分菜是不新鲜的。

还有一次，海婴一大早就不想上学，为此还被其他同学嘲笑。鲁迅没有责备海婴偷懒，而是仔细地观察，确定海婴确实是不舒服，于是便带他去看医生，并向其他孩子解释了原因。

从这些生活中的小事上不难看出，鲁迅对孩子的关爱在意是发自内心的。

生活之虑

王祥：治丧不可因逝者耽误生者

夫言行可覆，信之至也；推美引过，德之至也；扬名显亲，孝之至也；兄弟怡怡，宗族欣欣，悌之至也；临财莫过于让。此五者，立身之本。

——王祥《训子孙遗令》

王祥是三国时期曹魏政权和西晋政权的大臣，也是著名的二十四孝故事之一——卧冰求鲤故事的主人公。这位一生尽心奉孝却仍然遭受继母虐待，但却始终不改初衷的大孝子不仅仅是德行高尚，在为官治政方面同样是一位能臣，在其担任徐州刺史期间手腕强硬，横行无忌的州边盗匪俱被清剿一空。王祥不仅治政有道，也深谙人情世故，因此才能够在司马氏代魏自立的背景下做到官位至崇却全身而退，更深得晋武帝赏识。王祥在临终前留下的《训子孙遗令》后来成为王家的传世家规，后世权倾两晋的王氏家族正是其后裔。王家之所以能够有如此成就，可说离不开王祥的这一番教导：

◎葬殓从简。在处理亲丧一事之时，子女后人往往跟从社会风俗大张旗鼓、大摆排场，为此耗费诸多钱粮，不仅对逝者没有任何的实质意义，反而加重了生者的生活负担，陷逝者于不义。到了今时社会，虽然孝悌的礼义根本不可废弃，但在实际的操办中，往往可以有一定的转圜余地。人去世之后便无法再对世界有所感知，因此子女的丧事操办只要合于孝心礼义，就不必一味讲求排场，把本该追思先祖遗风的静穆丧事变成了炫耀家财的张扬之举。薄葬也是符合现代观念的做法，与时偕行是面对亲丧最好的处理态度。

◎不必送丧。亲丧给生者家庭带来的不仅是金钱粮食等物质负担，同时也有心理负担。这种心理负担一方面是生者内心的悲痛情绪影响心志，另一方面则是烦琐的丧礼仪式对人身体的负担进而使人的精力更加衰弱。生者在世也各有各的事务有待处理、奔波，其抛开手头之事虽然并无太大不妥，但终究会给其带来负担。因此在治丧一事上，考虑更多的应该是生者而非逝者，只要心念不忘，就不必强令其在形式上做到完备。这一训诫可说是一位行将就木的老者对子女关爱的至善体现。

◎不哭死者。不哭死者并非是要求人们冷血，而是希望人们能够保持一份冷静。生死的事情在天地之间实在是再正常不过的现象，人的一生只要能够不行恶途地走过，生死就是一个最为圆满的过程。面对先人的圆满一生，与其抱持着巨大的悲痛哀号不能自已，不如在悲痛的基础上为先人心存一份欣慰与祝祷，这样的态度不仅可以使逝者走得安心，也可以使生者不致因悲痛而影响到自己的现实生活与工作。出于人的血缘亲情与世俗观念，这一理念并不容易为人接受，但其中意味却值得人们思考。

◎忠不可愚。王祥身为历经两朝三帝的老臣，官位爵禄至崇至尊，可在其遗言中却绝口不提忠君二字，其中极富深意。王祥在曹髦登基之时得到重用，却先后目睹曹髦与司马氏专权的冲突加剧，最终身死叛逆之手，司马氏取代曹魏自立的史实，对于朝堂之上的忠义更有一番唏嘘的感受。不论是古时的忠君或是今时的爱国，盲目的想法与行动都对于天下百姓无益，相反还有可能使自己惹祸上身。因此，“忠”虽然可贵，但要以内心的明辨为基础，只有这样才能真正于国于民有利。

◎言行一致。言行一致是基于信义的品德而言，但若要深究却不仅仅止于信义。常人所谓的言行一致，是自己的行动与言论内容一致，以此贯彻诚信之义，但言行一致更需要自己的行动符合言谈之中的道义。如果高呼着美好的口号宗旨，但在实际的行动中却因一时的偏激而做出与口号宗旨相悖离的行动，这同样是言行不一。譬如今时个别出于一腔热血而奋起的爱国青年，最后反而将暴力用在了一脉同胞的身上，致使亲痛仇快，这一做法不仅言行不一，更是愚蠢到极点的做法，怎能不令人深思呢？

◎谦让财货。谦让是中国自古以来就为圣贤大德所倡导的美德，历经几千年来也早已成为人们社会生活交往的不成文规则，但其中究竟是出于礼义的认知多，还是出于礼仪的表象多，就很难说得清了。面对微小的事物能够做到谦让很容易，但唯有面对巨大物质利益还能做到谦让，这才可称得上是真正的谦德。物质利益是人人所需的，因此在自己攫取利益之前，也应该对他人保留一份退让的心意，这既是换位思考的为人之道所在，也是使自己面对物质利益保留一份内心清明的善德所在。

【王祥家训故事·赠弟佩刀】

非三公不足以当此刀

三公是中国古代官制中最为重要的三个官职，历来说法不一，有的学者认为是司马、司空、司徒，另一批学者则认为是太师、太傅、太保。王祥曾经先后担任司空、官拜太保，不论按哪一种说法，王祥都可谓是爵禄殊荣。

王祥早年曾在吕虔麾下任职。吕虔有一口宝刀，被工匠称为唯有位列三公之人才能配得上。吕虔听后便将这口刀转赠王祥并强令其收下。但王祥并不以此为荣，并常感自己德行不足，等到后来自己的同父异母弟王览入朝为官且家族兴盛之后，便将这口刀又转赠给弟弟，认为弟弟的后代一定配得上此刀。王览的后裔就是后来权倾两晋的王谢家族中的王家，而王祥其实才可说是王氏家族的真正奠基人。

颜之推：处世之道不可止于圣贤之言

生不可不惜，不可苟惜。涉险畏之途，干祸难之事，贪欲以伤生，谗慝而致死，此君子之所惜者；行诚孝而见贼，履行义而得罪，丧身以全家，泯躯而济国，君子不咎也。

——颜之推《颜氏家训》

颜之推是复圣颜回的后人，也我国古代著名的文学家、教育家，大致生活在南北朝至隋朝时期，祖辈曾先后在南齐、南梁政权担任官职，自己也曾先后在南梁、北齐、北周担任官职，隋朝代周后又被隋文帝征为学士，不久病逝。颜之推的著作中最有名的就是《颜氏家训》，这也是中国历史上第一部体系宏大、内容精深的家训。历代统治者对其皆多有推崇，更有“古今家训，以此为祖”之叹。《颜氏家训》以儒家思想为指导，分为七卷二十篇，内容涉及治学、婚嫁、治家、养身等多个方面，对今人也有着积极的教育意义：

◎为父当有威严。古代社会强调长幼男女尊卑有序，君臣父子各有其分，人情颇受抑制，但在今天社会，和谐融洽有爱轻松的家庭环境氛围也更符合人本观念，也更受推崇。父母为了使孩子轻松地成长，更倾向于“与孩子做朋友”的角色扮演。但孩子的心智本就不成熟，对于是非的大义没有足够的认知，如果父母一味宽松而疏于严厉教导，就不能保证孩子内心的端正。为此，一家之中的父亲就必须保留一份身为男性家长的威严，让孩子在面对一些是非问题时能够有所参照，对自己的行为是否恰当有更明确的认知。

◎慎思二次婚嫁。虽然男女面对婚嫁之事时也会慎重其事多方考虑，但由于爱情的盲目和人情的易变，“一生所托非良人”的感慨总是无法完全避免。在经历了失败的婚姻后，不论男女都会面临来自外界和内心的诸多压力，因此在婚嫁的问题上常常陷入新的误区。一场失败的婚姻多数不是一个人的问题，即使全由对方而起，自己在一开始的盲目疏忽也是自己需要反思的。因此在经历失败的婚姻后，无论男女都应该更加冷静地去思考婚姻对于自己人生的意义和自己所想要的婚姻究竟为何，然后再做出下一步的行动。

◎教子当作表率。稍有常识的父母对于教育子女一事都知道要费心，要尽己所能地提供条件，但在教育方式方法上却有很多需要注意的地方。常人在现实生活中言不由衷，是因为社会的复杂不得不如此，这是常情，但如果想要更好地教育孩子，就必须尽可能地做到言行一致，这样才能起到表率作用。孩子成长中受父母的影响甚巨，如果父母展示给孩子的是一个疏于礼义的浪荡之辈或是言行不一的虚伪小人的形象，即使给孩子灌输再多的真善美观念，孩子也很难真正地将其融入自己的思想，体现在自己的言行中。

◎夫妻讲求一致。家庭的和睦并不是单方地付出就可以实现的，一个和谐稳固的家庭需要每一位成员的撑持。作为家中的主导，夫妻二人尤其要做到同心同德。不论是在孝亲一事上，还是教子一事上，又或是待客等生活琐事上，如果没有统一的共识就很难处理好这些事情。譬如教子一事，如果对于孩子的所作所为和学习生活一事没有统一的态度，父母其中一方的严厉教导就可能会因另一方的“拆台”而毫无作用，一方营造的和谐气氛也可能会因另一方的不配合遭到破坏，这对于孩子的成长可说极为不利。生活中其他事情也是如此，因此夫妻二人务要同心同德。

◎不问对方家事。人与人打交道总是要有个话题，一个良好的话题可以极大地促进二人的交流。但话题的选择也有门道，有些事项无论如何都不能摆到台面上。每个人的家中都有自己烦心的事情，这些事情或是为难之事，或是羞耻之事，也有可能是悲伤之事，在不知情的情况下贸然打听，就难免会加深对方的负担。而且在一部分处境比较困顿的人看来，这一做法多少也会有炫耀自恃的感觉，因此也可能心生不满。不问对方家事不仅是出于对对方的尊重，也是对自己心态的端正。

◎离别亦不悲伤。人生来便是多情物种，心境更因种种情景而流转，为人所恶的离别就更能触动人的感伤之意，纵观古今诗人的创作便能瞧得一目了然。但世间的聚散本就无常，这也是符合变易之道的体现，对此着实不必过于悲哀。尤其是到了科技发展迅速的今时，即使天各一方之人也能轻易联系，大大不同于古人的交游不便，又何必一味效仿古人之哀。更深层次地说，人与人最重要的并非是身体上的距离，而是心的距离。即使天各一方，互相牵挂的人，思念也是绵绵无尽跨越星穹，心念及此感伤又从何而来呢？

◎不耽溺于玄谈。古代圣贤所精研、著述的学说包含森罗万象，涉及诸多领域，但后人在治学之时却不能全盘接受，这也是与时推移前进的体现。读书治学一事重在实用，对于年轻人来说尤为如此，因此更需有所取舍。古人的学问之中不乏一些玄妙高深的道理，也有很多后人对此详加注述，但对于其中那些虚无缥缈的玄谈怪论却不需太多关注。玄学理论虽然闻之高深论之风雅，但对于迫切有待解决的诸多现实问题来说却是远水之于近火。学习重在经世致用，以此观之，玄学之论就不是最佳之选。

◎不学文人轻狂。学问与养气看似两者，实则相互结合为一，共同塑造了人的精神风貌与性格品德。所养之气不同，显示在外的性格也有所不同。古代那些博学而又多著的文士也各有风格，就是这样的道理。这些文士可说是世人榜样，但其性格也并非全然可取。有一类文士虽然轻狂，却是迫于个人的身处环境而不得不有此表现，假风流潇洒的背后往往是一腔无所用的真诚热血。有的后人对此不加明辨，既没有前人那般学识，又只知一味效仿其表现以自我标榜，却荒废了礼义大道，与前人思想正是背道而驰，空有其表现又有何益？

◎不可互相轻视。文道不同于武道，难于分出明确的高下，偏偏又是风雅大事，因此历来总有不断地争持，是谓文人相轻。但文人之间即使互相轻视，也是因为投射于作品中的自身观点不同而有分歧，说到底是理念的分歧，而非对对方人身尊严的贬斥。很多困溺于虚名的文人却没有这等境界，仅仅因为个人风格的差异便互生贬斥之心，自持高人一等，其姿态、眼界可说鄙陋。没有真正的贤德，却效仿贤德之人的外在分歧表现，到头来也只是损害自己的德行。

◎不必贪求多学。学习是因为能够有益身心、以助经世致用而有其意义，如果反而损害了自身就是舍本逐末之举。有许多人虽然热爱学习，但却不辨学习的大义而一味求多，最终多学而无所用，这便是学习之障。更多的是望子成龙心切的父母不顾孩子的天性，压榨孩子的生活时间用于各种艺术培训，这种培训对于孩子来说往往为时过早，更对孩子的精神造成了压迫、损害。不仅是对于物质，对于学习一事人心同样应当知晓知足的可贵。

【颜之推家训故事·教子以义】

若由此业，自致卿相，亦不愿汝曹为之

颜之推所生活的南北朝时代，少数民族割据政权先后出现，颜之推自己也曾在北方政权里为官多年。由于民族之间的文化差异，很多人为了讨好统治阶级，不惜放下身段奴颜婢膝去讨好统治者，并以此教育子女，颜之推对此甚为不齿。

有一次，一个北齐朝廷的官员对颜之推炫耀说，自己在儿子 16 岁时便教其学习鲜卑语以及胡人很喜欢的琵琶乐器，以此来使其讨好当时的胡人达官显贵。其儿子也因此深得胡人的宠爱，升官发财有望，颜之推在听了之后不仅没有学习这一做法，反而感叹世间竟有如此教育子女的人，自己无论如何也不会这样做。

姚崇：保全身家系于修德而非神佛

且佛者觉也，在乎方寸，假有万像之广，不出五蕴之中，但平等慈悲，行善不行恶，则佛道备矣。何必溺于小说，惑于凡僧，仍将喻品，用为实录，抄经写像，破业倾家，乃至施身亦无所吝，可谓大惑也。

——姚崇《遗令诫子孙文》

姚崇是唐代的著名政治家，也是四大贤相之一。姚崇出身于武将世家，其祖上曾经是南朝陈国征东将军，深受倚重。姚崇也因此继承了家族的尚武之风，少时便喜好拳脚功夫，而不好读书。但在 20 岁以后，姚

崇在别人的劝导之下开始发奋学习，终于考中进士，并先后在武后、中宗、睿宗、玄宗四朝担任要职，更三次担任宰相之职。在玄宗朝时，姚崇与另一名臣宋璟一起尽心辅佐，终于使得本已衰颓的唐朝出现了“开元盛世”的空前繁华气象。姚崇虽然贤明，但其儿子们却不甚争气，更曾因此连累姚崇，因此姚崇在病逝之前特意写了《遗令诫子孙文》作为对其修心进德的劝勉：

◎德薄必然有咎。为人立身处世皆有一定的准则，要使自己的一言一行都合于准则就必须有深厚的善德。如果德行浅薄，就必然在生活交往之中处处与人摩擦、冲突，为自己带来种种困扰。尤其是在自己家境优越、地位尊崇的情况下，自己的言行所影响的范围更广，因自己的失德而招来的咎怨也会更多。为此，越是居于高位、越是担负着重大的责任，就越是要对自己的德行修养一事处处警惕，避免因德行浅薄而行止失度，造成难以挽回的严重后果，更使自己为其所累。

◎生前遗嘱分明。大部分人辛劳一世，方能积累几分薄财，自己享受心中不愿，赠予他人更是不舍，留给自己的子女也就成了顺理成章的选择。即使子女们对自己孝行完备，但在遗产的问题上也难免生出些许彼此猜疑，如果老一辈在这一问题上含糊不清，就会进一步扩大子女之间的潜在矛盾。因此从长远来看，遗嘱分产一事并没有什么值得人支支吾吾、难于启齿的地方，反倒是过于沉默的态度不利于家族人心的稳定。因此老一辈人若要为子女留财，倒不妨做出个明了的裁定，这样也可平息子女之间的分歧和矛盾。

◎不可寄托福报。人人都不希望现实生活中的那些悲惨事件发生在自家门庭，但能否真的避免只有人生到头来才能见得分晓。正是由于不可知的恐惧，很多人都需要一个心理安慰，这是人的正常心理动态。但人生的顺遂即使能够达成，也是靠自己的努力修德与勤奋工作促成，如果怠于行动或是行动有偏，幸福就缥缈难寻。有的人不从自身的进步上下功夫，而是耗费自己的钱财精力去在积德谋福一类事情上费力，这说到底是懦弱而不思进取的表现，这种心态又怎么能够配得上拥有幸福呢？

◎不受僧道之惑。“地狱门前僧道多”，此话虽对佛道有所诋毁，但细究起来也当令人反思。佛道本以润世渡生为正念，但随着时代的变迁，其门下却涌现了不知多少破戒犯律的伪僧妖道一流，若真有地狱之说，这类人也该最先登堂。越是见识浅薄、素养低下的贫民大众，就越是容易为这一类人所惑，因此家财败尽，门户萧条。虽然信仰自由，但对于宗教最好保持明智的头脑，基于学问的立场去了解其宗旨大义而非基于鬼神的认知去顶礼膜拜，失掉自己独立的灵魂人格。一旦受外道迷惑，灾祸将比不拜神佛来得更快更凶。

【姚崇家训故事·淘汰僧尼】

爱惜民力便是佛身

唐朝是由李姓建立的政权，为了自高身份，李家便自称是老子之后，对道教别有推崇。但唐朝又是一个前所未有的开明时代，虽然道教为尊，但佛教的发展也很迅速，诸多皇室贵戚和民间富豪对佛教信仰狂热。

由于僧籍不用缴纳赋税，许多民间富人都假装剃度投身佛寺，以此逃避徭役。再加上诸多贵戚兴建佛寺大肆剃度，使得全国的财富流失甚巨。为此姚崇上书劝谏皇帝，统治者只要自己勤政爱民，使人民能够安居乐业生活富足，就已经起到了佛祖度人的作用，又何必寄希望于不事生产而又败坏佛法清誉的奸诈之徒。唐玄宗听后深以为然，于是接受这一意见淘汰全国不符合标准的虚假僧尼一万多人并勒令其还俗。

柳玭：善用优越家境以求上进

夫中人以下，修辞力学者，则躁进患失，思展其用；审命知退者，则业荒文芜，一不足采。唯上智则研其虑，博其闻，坚其习，精其业。用之则行，舍之则藏。苟异于斯，岂为君子。

——柳玭《诫子弟书》

柳玭是唐末人，其祖父是中国古代著名书法家柳公权的兄长、唐代的大臣与书法家柳公绰，其父柳仲郢也是唐朝大臣，更因《尚书二十四司箴》这一著述而深得“唐宋八大家”之首韩愈的赞叹赏识。柳公绰与柳仲郢父子不仅同为朝廷大臣，更同因治家严格而出名，当时社会上有“言家法者，世称柳氏”的说法，其影响力可见一斑。在两代人的严格教导下，柳玭也成为了注重治家的严父。由于自己也担任朝廷官职，柳玭十分担心子女依仗家庭地位不求上进，于是便作《诫子》一文，告诫子女越是家境优越就越是不可放松自己：

◎家境越好责任越大。家庭条件对于一个人的成长会起到至关重要的作用，在极个别情况下，有的人汲汲营营花费一生时光都可能比不过别人的出生背景，因此身处优越的家庭更要懂得珍惜。优越的家境尤其容易受到他人的忌妒，自己一言一行的微小失误都可能在别人眼中无限放大。这固然是他人的立心偏颇，但从另一个角度来说，出身富贵之家的子弟如果能够使自己的德行在常人眼中都无可挑剔，不更是说明自己不仅条件优越，品行也是卓拔？以此来看，常人出于各种心理的高要求反而是提升自己的最佳外在动力。

◎生而无能不可自恋。想要做成一件事情，就必须对自己的能力有自信，但如果盲目自大也必然会导致失败。有一类人自身所学有限却不知力求上进，反而将自己的失意与落魄归结为世道不公平、他人不赏识，这种浅陋的行为只是徒然暴露自己的无能而已。做成一件大事很难，承认自己的不足更难，如果能够放弃不切实际的自我安慰，认清自己的现状，改变自己的精神面貌，用积极的心态去面对失意、追求进步，本身就是一种超越和变强，这样一来即使起步稍晚也一定能够有所成就。

◎不可不知书而轻学。但凡轻贱学习一事的人，若非是自己懒惰厌学，便是只知死读书而不知运用实践一类，这类人往往自己学业无成而又嫉恨别人的勤学苦读，才发出“读书无用”这一类实则是怨恨自己无能、显露自己无知的言论，对于这一类人的学习观实在没有搭理的必要。先贤古圣的微言大义中所蕴含的道理，即使是后世再聪明的人，穷其一生往往也只能掌握皮毛，却又可以大有裨益，可说是学都来不及，又有什么资格去菲薄呢？人生而轻学，所轻视的不仅仅是知识，更是自身。

◎不可见利而忘人言。世间的利益都大多需要付出一定的辛劳才能换取，更有一些不义之利即使是付出再小也不值得求取，如果在这个问题上一时糊涂，结果往往不是所获得的那点蝇头小利所能填补的。越是面对即将到手的利益，就越是要保持清醒的头脑，越是要尊重、考虑他人的意见。如果因一时的利欲惑心而不顾他人的劝诫，不仅会辜负他人的一片关切之意，更会令他人寒心。事后如果出现不愿见的局面，也很难再去寻求他人的指点相助了。利益再重终究重不过人心，因利失人其实更是失利。

◎不可以邪路求晋升。工作职位的提升是每个参加工作的人都念念不忘的事情，为此，在岗位晋升一事上，人人都会绞尽脑汁想尽一切办法去促成这一心愿。只不过，有的人通过实力说话，而有的人却是通过拉关系走后门的邪路来实现晋升。利用不正规的手段寻求提升虽然会更快，但如果没有与岗位相符合的能力，最终只会让自己的处境越发艰难。

即使自己有几分手段，但面对众人的不满，自己的工作也会平添更多阻力。只有以自身实力为根基的晋升才是最佳的晋升方式。

【柳玭家训故事·熊丸教子】

义方有训非私淑，熊胆调丸原苦心

柳玭一家三代都是朝廷大臣，深得统治者的倚重，这与其祖孙三人渊博的学识和良好的品行是分不开的。柳家的家风向来严格，柳玭的祖母韩氏在柳玭的父亲柳仲郢很小的时候就多有教导，柳仲郢后来之所以能成为一代博学之士，与韩氏的苦心教导不无关系。

为了让柳仲郢能够珍惜时间好好学习，韩氏特意选用了苦参、黄连和熊胆三味药材，制成了有助于提神的药丸。每当到了夜晚，柳仲郢学习已觉疲累的时候，韩氏便会让其吞下药丸，以此振奋精神继续学习。正是这种高强度的学习方式，使得柳仲郢自幼便积累了大量的知识，长大之后更是写得一手好文章，就连韩愈都对其大加褒扬。

袁采：睦亲友善，处己仁善，治家崇善

子弟有耽于情欲，迷而忘返，至于破家而不悔者，盖始于试为之，由其中无所见，不能识破，则遂至于不可回。

——袁采《袁氏世范》

袁采是宋孝宗时期的官员，生平虽然不详，但据史料中“登进士第，三宰剧邑，以廉明刚直称”的记载，可见其也是清流官员一类。袁采曾著有《政和杂志》、《县令小录》、《世范》三本书籍，其中《世范》为治家格言之作，分睦亲、处己、治家三个方面，被认为仅次于《颜氏家

训》，其中不乏超前观点：

◎家人不必强求一致。袁采的《世范》中洋洋洒洒颇多观点，这一条可说是最为突出。古时强调父父子子的伦理纲常，对于长辈的意志，后人难得有所抵触，而袁采却反其道而行之，强调各自保留意见的家庭生活之道，可说开明。当今时代价值更趋多元，父辈与子女所处的时代又因社会进步而风貌迥变，如果不能互相包容，必然导致家庭冲突不宁，甚至引发不遂人愿的悲剧。对此当今家庭的所有成员都该有所明悟。

◎家人之间莫争是非。家人之间偶尔也会因为一些微小的利益冲突或者处事方法而产生分歧，这是理固宜然的事情，不应该过分地偏执、强调，导致同处一家屋檐却心生离散。面对分歧应该能忍则忍，对于其中一方犯下的错误也应抱持着缓和的态度去强调，如果对方处于气头上或者一时之间无法想得明白，不妨对他多一份信任，等他平下心静下气来自行去斟酌。如果每件事都要争个是非高下，和睦的气氛就难以营造了。

◎顺应家中老人心意。老人不仅年轻时经历良多，为子孙付出良多，等到老了之后往往也能成为一个大家族的主心骨，发挥维护一个家庭和睦的作用。而且人老之后心性趋于反璞、童稚，身为子孙往往并不需要费多少心力就足以使老人享有安乐祥和的晚年。虽然时代不同，但老人对子孙发自内心的关怀却是不会改变的，因此对于他们的想法应该多一份尊重，对于他们的期许应该多一份维护，这样才不愧为子孙后辈。

◎教子学习不可苛求。父母爱惜子女，很少有不让其读书学习的，往往是对孩子的学习过分注重以致忽略了学习本初之旨的居多。学海无涯，以有尽的年月本来就不可能横渡无涯学海，学习之道真正可贵的是在学习过程中对自身品行的砥砺雕琢，同时避免把时间浪费在无益身心的享乐放纵之事上。至于功名利禄，本就不是可以强求。如果执着于此，反而会背离学习初衷，在学做人这一基本问题上就偏离正轨，可谓因小失大。

◎教子之道贵在身教。明了利害关系的父母往往能够注重对子女的教育，其中目光长远的更是能够知晓教育的侧重所在。教育子女当以仁义道德为先，但仁义之境甚难达到，如何使子女明了仁义之道就更显困难。子女幼时总受父母影响最巨，父母即使高谈阔论言辞凛然，但如果处事之时言行不一，就会从小影响子女的处世观念，“有其父必有其子”之说也就不难理解了。因此父母应该有所察觉，不可因子女幼小便不知为人表率。

◎男女地位平等视之。男女地位平等是袁采《世范》之中又一观念超前的精彩训言。重男轻女可谓是古时最为鄙陋的观念之一，偏偏直至今时仍能蛊惑人心，令人慨叹。世人总说“养儿防老”，但心肠柔软的女儿家其实往往对父母更加照顾。有的家庭观念愚昧，宠溺幼子以至于其长大之后游手好闲不能赡养父母，此时多是凭借女儿照应，但却仍然对女儿不屑一顾视为外人，甚至还要损害女儿利益成全不成器的幼子，如此做派又岂是为人父母所该为？

◎小人为恶不必规劝。常人虽离圣贤之道甚远，但并不等同于不知善恶是非，对于他人的不当做法往往都能明辨，有的更会主动规劝，以希望其有所改正。但一部分行事不当者并非出于一时糊涂，而是明知其做法违背情理却仍然一意孤行，这就是行恶的宵小，最好的做法是远离其人，以免因一时好心反而招致忌恨。孟子曾有“不仁者，可与言哉”之问，对于小人为恶之行，纵然心有不忍也该从他方入手阻止其恶行造成的破坏，但对于其人则不必加以理睬。

◎他人恩惠不可轻受。一人之能有限，治事往往需要借助他人之力，这也正是人与人彼此联结、共存于社会的意义所在。但常人皆非圣贤，心中总有负面情绪，受了他人恩情心中总会有敬畏卑微的情绪，施予他人恩情者心中暗自也会有居恩心态流露。这样一来，本来复杂的人情关系就会更为微妙。碍于恩情，人往往会做出违心之举，最后还是不免为自己带来麻烦，这就是轻易受人恩惠的顾忌所在。“吃人嘴短，拿人手软”之说也正是这个道理。

◎面对仇怨态度正直。“忍一时风平浪静，退一步海阔天空”历来是治家格言中常常提到的观点，但也要按照具体情况而论。对于欺软怕硬的色厉内荏之徒来说，一味忍让只会使自己的底线一再遭受挑衅，给自己带来更大的耻辱。另外还有一些人，为了自己的名声，对奸邪之徒故意摆出和气的老好人面孔，实际上是助长了奸恶之人的嚣张气焰，使更多人蒙受其害。孔子痛斥乡愿之徒为“德之贼”，其缘故即在于此。

◎安全防盗不可轻忽。世间总不乏鸡鸣狗盗、掠人放火之徒，居家处室如果对此不能有所警惕，就难免累及家庭其他成员的生命安危、财产得失。现今社会偷盗之徒的手段更是五花八样，防不胜防，如果心存轻忽就更是容易为其所趁，轻则丢财，重则失人。此外，有幼小子女的家庭还要充分爱惜自己的子女，做好安全保护工作，避免因孩子一时淘气而家长无暇照顾就引发悲剧。对于当今初为人父人母者来说，袁采的这一条训诫更是良言之劝。

◎公众之事当尽心力。人始终是群居性动物，聚集而居的才是主流的生活方式。既然生活在一个区域，那么就必然会遇到一些需要共同面对的困扰和难题。当此之时，最合适的做法莫过于同心同力，一起解决。这不仅是为了自身的利益，也是自己的一份责任所在。世间常有面对众人之事颇多计较之人，为了丝毫的个人得失而脱离自己的责任，不仅德行有亏，更因此而遭受众人的弃嫌，这明显是得不偿失的短浅做法，并非与乡邻共处的明智做法。

◎整治房屋量力而行。限于财力和设备的有限，古人起房建屋颇多不易，即使到了今日技术发达，说起“买房”二字仍然是多数家庭的苦恼之源。房屋是供常人起居所需，而非是骄奢攀比的工具，如果不顾自身家庭实力而一味求全求大，最终反而为其所累，失去生活应有的意义。从现实角度考虑，人生祸福总是无常，如果不计财力倾注于一事，一旦遭逢其他变数也会难以应对。量力而行也是未雨绸缪之道，今人在房屋一事上更该有一份清晰的认识。

【袁采家训故事·教子有学】

不可责其必到，尤不可因其不到而使之废学

袁采虽然是进士出身，但却并不把致仕看作是读书的出发点，而是把学习圣贤之道看作是读书的意义所在。

也正因此，袁采告诉自己的儿子：人的资质有高有低，人的命运有穷有通，这些都是不可强求的，因此不必苛求自己的子女读书一定要考中科举，更不能因为其所学有限不能考中就放弃教其读书。只要保证子女还在读书学习，就能给他们带来益处。不管是经史子集一类的正经书本也好，又或是怪力乱神的野史笔记一流，书本中总有乐趣，总能使人不断进步。这一教育观念即使放诸今世仍然是十分先进的。

刘基：欲求显达便要立于正

夫大丈夫能左右天下者，必先能左右自己。曰：大其心容天下之物，虚其心爱天下之善，平其心论天下之事，潜其心观天下之势，定其心应天下之变。

——刘基

若说中国古代历史上著名的谋士，除了诸葛亮之外，能与之并列的就要数刘基刘伯温了。刘基不仅在生前辅佐朱元璋一统天下，死后也为

世人留下了诸多神机妙算的故事传说，其《烧饼歌》更是视为是甚为灵验的历史预言，也因此有“三分天下诸葛亮，一统江山刘伯温；前朝军师诸葛亮，后朝军师刘伯温”的赞扬。刘伯温不仅神机妙算通晓政事，于文学方面也成就斐然，与宋濂、高启并列为“明初诗文三大家”。刘基曾著有《传家宝》一文，其内容价值足以与《治家格言》相比拟。《传家宝》通篇以六言韵文写成，对于国人的修身处世提出了很多宝贵的意见：

◎唯有当下可握。过去注定不可改，未来缥缈不可求，人真正能够把握的其实也只有当下这一刻。因此，不论是立下大志也好，还是谋求平凡也罢，都必须在当下有所行动，而不能心存惫怠与侥幸，一再推脱时日。未来不仅缥缈难求，更有许多未知的变数，如果不懂得利用当下时机去做好该做的事情，等到他日也许就会被其他事物拖延自己的步伐。古人以“今日事，今日毕”一言作为训诫，也不外乎是强调世人不可轻视当下的可贵。未来的成就是始于今日的努力而非对明日的寄望，没有重在当下，就没有未来可言。

◎不可太多顾忌。不经磨难则无以达成大志，种种看似凶险的坎儿到最后回头审视也多是自己吓自己，因此谋求大业顾虑就不可太多。古人云：畏首畏尾，身其余几。如果任何一点困难都会让自己觉得进退维艰，大多就都不是准备工作的问题，而是自己内心畏缩犹疑的问题了。心中的那些顾虑往往并不会真正地阻碍自己的步伐，反倒是因顾虑而逡巡不前以致错失良机，这才是真正的阻碍所在。为人执事万不可失了“决断”二字，否则一旦沦为“干大事而惜身，见小利而忘命”的优柔寡断之人就不可取了。

◎家财调度有序。一个家庭的维持与运转不仅仅系于开源，更是重在节流。即使是四壁萧然的贫寒之家，只要支取有度往往也可以维持家计、脱贫致富；而那些日进斗金的富贵之家却往往因子孙的不惜财力而败坏，由此便可见得分明。尤其是对于年轻的夫妻男女来说，居家度日大大不同于婚前与父母生活，理财一事必须有赖于自己的打点才能够保证家庭生活的稳定运行。如果成家之后还不能收敛起自己的心性、花钱不知规划节制，入不敷出的境况就很难避免。越是精擅理财，家庭的生活就越是美满，居家度日之人对此更当有所认识。

◎在外常问家事。父母虽然比子女心性更为成熟，但孩子毕竟是自己心中的牵挂，何况年岁渐长之后也会依赖于子女，因此为人子女若是出门在外谋求事业，就更不能忽视家中的人事。虽然出门在外的人大部分都心存赡亲恤家的念头，但世间更不乏“子欲养而亲不待”的莫大憾事，即使限于条件不能陪在父母身侧，又岂能不时时关心父母家事呢？何况今时交通联系都十分便捷，那些疏于关心父母的在外游子，又有什么理由忽视自己的父母呢？只要心中常念家人，常常联系家人，即使天各一方也可以宽慰父母，这也是身为人子的本分所在。

◎开店便要敬客。经商之道虽然奥妙精深难以言尽，但根本仍在“心”之一字，因此经商也自有心道可循。即使是开着同样的铺面、做着同样的买卖，往往也有热闹萧条之别，其中重要一条就在于经营者是否用心。用心的要点之一便在对客人用心，为客人服务表现出发自内心的敬重。敬重客人不仅体现在言辞上，更重要的是行动。如果在生意场上偷奸耍滑、欺骗主顾，即使自己招牌再响亮也无法赢得人们的信任。经营商业买卖贵在同时保证自己的言辞与服务都发自内心地坦诚、尊重，这才是为商有道的做派。

◎不可唆使他人。常言都说，能被自己欺骗到的人，都是愿意相信自己的人。不论关系亲疏远近，信赖都是十分可贵的情谊，不容轻视与辜负。有的人出于自己的犹疑不定，便利用他人对自己的信任，唆使其为自己做试探，一旦酿成恶果更是要由其人自己承担，这一做法何其令人心寒！更有一类人怀抱恶心，冲着栽赃陷害的目的去蛊惑、唆使他人，陷他人于不义，可说卑劣至极。这一做法不仅危害了个别人，更是败坏了社会全民之间的信任基础，因此可说是公德之贼。人之大恶，唆使也是其中之一，不论出发点为何，良善之人断然不为。

【刘基家训故事·无信亦救】

无信不可取，不仁亦不可为

刘伯温早年曾经考中元朝进士，并出仕担任官职，但由于元朝末年官场腐败，刚正不阿的刘伯温实在难以容身，因此只好辞官退隐，隐居教读。在此期间，他对自己的孩子也多有教导。

有一次，刘伯温为两个儿子讲了一个故事，内容是：一个商人不慎落水，便许诺以百两银子为答谢求渔夫帮忙，但在获救后出尔反尔只拿出十两银。后来商人再次不慎落水，渔夫便只是扔了一块木板不再相救。讲完之后，刘伯温问两子有何看法。长子刘璟认为商人无信，该有如此下场；次子则认为商人虽无信，渔夫也同样不仁，都是不可取的行为。刘伯温听后大为赞叹，并告诫两子为人既要守信又要善良，唯有严于己而宽于人才是最为正确是做法。

何伦：孝亲、待人、处事、保家当各遵其道

大丈夫尚欲戮力王室，而自家门户，岂可不为撑持，而忍坐视其敝乎？盖人家之兴者，岂得常兴？而为者，亦岂常废？兴而不撑持即废矣，废而能撑持，何患不兴乎？兴废固由于天，而撑持之力，实在于人。

——何伦《何氏家训》

何伦是明代江山（今属浙江省）人，虽然在史料上没有留下什么详尽的记载，但却是一位因尽孝而出名的孝子。他曾经为家族立下了名为

《何氏家训》的治家训言，从孝亲、勤俭、接待、处世等诸多方面细分条目一一论述，其内容可说包含了中国传统家训的基本方面：

◎尊重父母情感。孝道是为人必知必行之事，但世上有很多人却没有充分认识到孝道的真正内涵。父母养育子女一生不易，所付出的也不仅仅是肉体上的辛劳汗水和物质金钱，其中更倾注了诸多的感情。以此观之，为人子女者赡养父母又岂能仅仅止于物质的优厚待遇？父母年老，为人子女者更当珍惜时日，从心灵上与其接近、对话，明了其心中所思所虑，对此予以最大的肯定。

◎尊重良师益友。人的资质、德行多数都属于平平，出类拔萃的贤德之人实属难得一见。能够有幸与这样的人成为师生或是朋友就更是难得的机缘。在日常生活中对于这类良师益友应该收敛神色态度严谨，不可在其面前放浪形骸口无遮拦，更不该对其学问德行有所不屑。与良师益友相处当以其为榜样，不放过一言一行去接近、了解、学习其人，以求达到他们在学问和德行上的境界；如果不知追慕效仿，就如同入宝山而空手。徒然暴露自己的鄙陋无知，也会使良师益友远离自己。

◎夫妻同心勤俭。世人常有“男主外，女主内”一说，但治家之事说到底需要夫妻二人共同尽心尽力，彼此应和协，搭配无间。正常情况下，身为丈夫应该对养家糊口之事承担更多的责任，以开源一事为主；而妻子应该就家中各种花销理财之事多费一点心力，做好节流工作。此外，在一些数额比较大的花销上，夫妻二人首先应该让彼此都知情，然后共同参考规划，决定最终的选择。当今社会上年轻的小夫妻常常就这一问题犯迷糊，以至于事后产生严重分歧，对此就更要知晓同心的意义。

◎学习重在态度。读书学习是人生头等大事，如何才是最佳的学习人们却各有不同看法。掌握的知识多少、养成的气度如何并不是评价学习的最好标准，读书的态度才是最为关键的。限于人与人的能力不同，学习所能取得的成就也是高下不一而足的，如果以结果作为凭据就很难真正评判。即使结果不一，但只要在学习中时刻保持刻苦奋发的精神，态度庄重，精读专研，就必然可以有所成就。不仅是读书，人生任何一事莫不如此，因此要时刻不忘端正心态。

◎处世知晓进退。心怀大志勇于拼搏，方不枉人生立身处世一遭，这可说是最为积极豪迈的人生态度。但人的成事与否并不仅仅取决于自己的态度和能力，自身所处的时局环境也都是不可忽略的客观因素，历史的进程也自有其考量。如果空有大志而不知天时之变、地利之便与人和之辨，一意孤行不知洞察时局，结果也必然是失败。即使目标暂时停滞不前也不可过于执迷，不论身处何时何地都有自己眼下当为之事。做好这些事情等待天命，也不失君子坦荡。

◎待人接物以诚。人皆有喜怒爱憎，对于学识、品行、地位不同的人也总会抱持着不同的看法和态度，为此影响到自己与其相交往时的言辞、行止与态度。但不论对方是何等人物，接待交往之时都应该以诚心作为最佳的回应。对君子以诚相待，君子也会回以善德；对显贵以诚相待，也不会失去自己的尊严；对于小人同样以诚相待，是为了避免小人心生嫌隙怨恨，日后对自己多有阻碍。以诚待人，既不会失礼又可以无愧于心，更能凸显出自己的仁德。

◎男儿更当顾家。男儿心性较之女性不够沉稳细腻，因此女性往往治家主内，但身为男儿其实更应当顾及家庭。世间男儿多有志气远大之人，为了自身的追求对周身人事看得太轻，却不知这样的做法对于自家门庭而言其实不过是不负责任而已。须知即使是天下国家，也是由一家一姓聚合共存而来，如果不能撑持自家门户，保证家族生计就夸谈国事而轻易舍身，无疑是糊涂至极之举。平淡生活之中其实饱含生活意味，男儿勤勉顾家同样是一种了不起的平凡。

【何伦家训故事·事亲至孝】

留锅养母

何伦生卒不详，史料中亦未曾见其详尽记载，想来并非读书致仕一类，而是勤于治学的平民孝子一流。何伦虽然没有什么显赫的事迹，但其孝子的美名却是一直流传。

有一天晚上，小偷钻进了何伦的家中盗取财物。出于保全生命的考虑，何伦对此虽早有察觉却不曾理会声张。不料这小偷偷得起劲，又或是何伦家中着实贫困，小偷竟连做饭的锅也要“笑纳”。何伦眼见此景实在忍不住，只好发声请求小偷留下锅，为的是第二天好歹能给母亲做饭。这一举动使得小偷惭愧不已，于是归还了全部的盗窃物。

不仅如此，据说何伦在双亲去世之时更是十分哀切，以至于行为举止都逾越了古礼的规范，到了双亲的忌日都悲伤得如同初丧一般，可见其孝心之真。

姚舜牧：人生八字不过孝悌忠信礼义廉耻

今人酷信风水，将祖先坟茔迁移改葬，以求福泽之速效。不知富贵利达自有天数，生者不努力进修，而专责死者之阴庇，理有是乎？甚有贪图风水至倾其身家者，曷不反而求之天理也？可谓惑已。

——姚舜牧《药言》

姚舜牧是明代嘉靖年间人，万历初年举人出身，曾先后担任新兴、广昌两地的知县，虽然官职卑微却恪于职守，爱惜民众，因此深得百姓爱戴。姚舜牧也是一位崇尚儒学的读书人，先后著有《药言》、《五经四书疑问》、《乐陶吟草》、《孝经疑问》等作品。其中《药言》一书又称《姚氏家训》，是姚舜牧对日常生活中种种人情世故的经验总结。《药言》的主旨是以孝悌忠信礼义廉耻为人生八柱，依此对世人提出了诸多劝勉：

◎父母不可偏爱。子女是父母的心头肉，父母爱子也是天性使然，少有例外。但家庭成员人数较多的家庭，父母往往无暇兼顾所有的子女，又或者因为个人的心性思维而无法做到一碗水端平，对几个子女有所偏爱。这样一来，被偏爱的子女会因父母的宠溺而娇纵，轻视其他兄弟姐妹；被忽视的子女心中也会有委屈不满甚至是怨恨的情绪，更有导致心理扭曲之患。随着父母逐渐衰老，子女逐渐成长，家中的冲突就难以抑制，家庭成员之间的裂痕也会慢慢扩大，整个家庭都会因此分崩离析。

◎有意见要说清。即使同住一个屋檐之下，一家人之间也会有所分歧、不满，对此应有最正确的态度。一方面不应争论是非高下，但另一方面最好是把自己的真实想法表露出来。常人之间即使有些分歧，但不可能时时共处，随着时间一些想法也就慢慢淡化了，而同处一室的人日日相见，如果有什么怨念憋在心里，就会不断滋长。因此把话及时讲清，是避免彼此之间疏离的最佳选择。此外，人皆非无过圣贤，出于顾虑，人们对于外人的做法不能过多评判，但对于自家人的失误应该及时表明自己的意见，这也是互亲互爱的体现。

◎富贵不忘妻子。富贵不忘妻子这一家训是专对成功的男人而言。负心汉、薄情郎自古以来就为世人所深恶痛绝，各种戏曲也多有对其贬抑的剧目。夫妻之间没有血缘之亲，却能够走到一起共同经历风雨坎坷，靠的就是二人同心之德。在一个男人从落魄走向成功的过程中，妻子所要背负撑持的往往更是艰辛，因此为人夫者更该心存感激体恤之意，对一路行来为自己颇多奉献的妻子爱护周全。若在富贵之后便迷恋于肤浅的美色而失去应有的德行，便与禽兽无异，无德的富贵也是不可长久的。

◎儿女婚嫁论贤。儿女婚嫁是父母心中的一件大事，越是随着子女年龄的迫近，大多数父母就越是急切，在择偶择婿的问题上失去耐心。为求子女婚后生活安稳，为人父母者往往会倾向于对方的家世背景，而对于人本身却缺乏足够的了解。这一观念在古代尤为明显。

◎遇事不用躲避。人生一世总有诸多事情不能遂己心愿，更有许多自己不想面对的事项。但当这些事情不请自来的时候，为人就该拿出自己的风骨与魄力，挺身而出坦然直面，这才是“担当”二字的最佳体现，畏畏缩缩逡巡不前反而落了下乘。还有一些事情虽然不会涉及自己，但却是义所当为之事，对此也要有慕效古圣贤君子的精神，毅然为之不可犹疑。遇事躲避不是积极的人生态度，畏首畏尾只会使自己处于更加被动的尴尬境地。心持浩然之念，身行坦荡之举，面对困难便可无所畏惧。

◎不可妄援交结。富贵之财虽然是身外之物，但若离开物质财富，生活也就无从谈起。人们都愿意结识显贵的人，希望必要时能够得到援助，但并非所有的显贵之人都值得结识。只有显贵而又富有贤德的人才是真正值得认识、依靠的，那些富而不仁的人即使你再怎么去巴结，到头来也是为他们所鄙夷，受他们所欺骗的居多。有许多人都不明白结交显贵的道理，四处攀附，为此还花费自己有限的财力，更是失智之举。与其花费金钱攀附富而不仁者，不如周济贤而窘迫者，这样反而能够赢得尊重、感怀。

◎做事爱惜精力。世间并非只有纵情声色犬马的放浪之徒会损害自身，那些心心念念不离上进的发奋之人也会因过于辛劳而精力不济，因此使自己的身体疲惫倦怠、油尽灯枯。虽然立意高下分明，但这两种人的做法都非明智之举，都不值得提倡。为人上进而能坚守心意者实属难能可贵，但若心生贪嗔痴三毒之念反而会阻碍自己的上进之途。人生精力有限，读书学习治事当知晓一张一弛之道，忙里偷闲也不失人生乐趣。姚舜牧身为理学之儒却以自检自养作为对子女的教诲，可见其开明。

◎不尚权谋术数。人心复杂难测，立身世间又多有利益纠葛，因此社会上不乏精于权谋、钩心斗角的“聪明人”。但相比于权谋之术，人更应该选择的是智仁之术。权谋厚黑的学问虽然使人能够更好地谋取利益，但这种过于机变的心思也会使人内心的澄澈愈发干涸，最终为诡谲欺诈之念所惑，沦为人人所厌之徒。而智仁之术却可使人进修善德，增长才智，更加通晓为人处世有所为有所不为的道理，立身于端正的一点。两种不同的价值取向会决定不同的社会风貌，何种社会氛围更加真善美可说是高下立见。

【姚舜牧家训故事·各务一职】

毋为游手，毋交游手，毋收养游手之徒

姚舜牧的治家之道对子女的治学一事并不做严苛要求，于此可见其开明。但他虽然并不主张子女耗损精力去学习，但却要求子女务必追求、确定一份固定的职业，不论品级如何。

姚舜牧告诉自己的子女，诸般事业中最高贵的是读书，最踏实的是务农，但其余工商之类也都各有其意义，都可以使人安稳地生活，在一定程度上避免遭受意外的风险，并没有高下之分。但唯有游手好闲的人是最不可取的，这类人最容易误入歧途、犯禁触刑，给自己和他人带来灾祸。因此不仅不能做游手好闲之徒，对于这类人更要采取远离的态度。

朱柏庐：为人如此便是圣贤

轻听发言，安知非人之谮诉，当忍耐三思。因事相争，焉知非我之不是，须平心再想。

——朱柏庐《朱子治家格言》

说起《朱子家训》、《朱子治家格言》，世人往往易于混淆。《朱子家训》是宋代理学大宗朱熹劝诫后世子弟的一篇短文，而《朱子治家格言》则是清初理学家朱柏庐所著。《朱子治家格言》全文不过数百字，通篇语句对仗、言辞通俗易于理解，是朱柏庐的代表作之一。《朱子治家格言》从安全、卫生、勤俭、饮食、婚姻、读书、教育、戒性、体恤、谦和、无争、交友、自省、向善、为官、顺应等诸多方面出发阐述治家之道，力求使人更加完美。朱柏庐甚至表示“为人若此，庶乎近焉”，若能依照以下《朱子治家格言》中的要求修身养德，人和圣贤便也没什么区别：

◎勤打扫。比起历代帝王大贤，朱柏庐的家训不仅语言通俗，所讲也极为细致，讲的都是生活中的具体小事。他开篇即说清早就要起来打扫内外，想来对“大丈夫当扫天下，安事一室”的观点是持保留意见了。“黎明即起，洒扫庭除”，重要的不仅仅是打扫，而且是要早早起来打扫。古人条件有限，所以格外惜时，如果起床晚了再打扫门庭，就必然耽误学习的时间。所以最好是起床略早一些，这样不仅可以为一天的生活学习创造一个干净、整洁、舒心的环境，同时也是培养了个人勤劳的美德，可谓一举两得。

◎惜粮物。“一粥一饭，当思来之不易；半丝半缕，恒念物力维艰。”只要是有过学校读书、食堂吃饭经历的人，对于这两句话都不会陌生，但知晓其出自《朱子治家格言》的恐怕并不多。生活条件一旦优越，人便会心生轻慢骄纵，鲜能保持勤俭作风。耕织之事自古辛劳，春耕夏耘秋收冬藏，正是所谓“农家少闲月”。远离田亩，眼中所见不过是晶莹饭粒，身上所穿不过是精美丝绸，对于农家之累总是难以体会。为人要从一粒米、一丝线之中寻找感动，唯有这样一份心意才能真正地懂得、珍惜当下生活。

◎备无患。人生在世，福祸无常，福无备而来倒也无妨，可灾祸一旦突来就甚是不妙。不论是自身遇到困难，还是家人遭逢凶险，一人的灾祸都会波及整个家庭，给所有家庭成员带来困扰，因此在日常生活中对此应该颇多注意、未雨绸缪。如果事到临头才做应对，不仅会打乱固有生活的规律，使正常的生活节奏难以运转，往往还无法取得满意的效果，白白做些徒劳无功之事。就如同之前所说的打扫要勤一般，准备工作也要勤做，若因一时懒惰而疏忽大意不以为然，真正遇到麻烦的时候总是悔不当初。

◎不思淫。万恶淫为首，沉溺于色欲之中的人很少有能够不反受其害者，因此要懂得洁身自好，不仅从行为上要善于抵挡诱惑，更重要的是保持灵台清明，从自己的思维中去摒弃色欲。朱柏庐所谓的不思淫，不仅是就人的不正当生活作风而言，他还强调在娶妻纳妾这等正常的生活事情中也要心态端正，“婢美妾娇，非闺房之福”、“奴仆勿用俊美，妻妾切忌艳妆”。不仅如此，他还指出即使是心中暗暗转过一丝淫念，也会为自己的妻女带来灾祸。这一观点虽然流于因果报应之说，也可见其对淫邪的贬斥。

◎勤教子。教而不严是老师之过，但生而无教却首先是父母的责任。世人皆谓父母为儿童最好的老师、最早的老师，随着今世对于儿童心理及教育等问题的不断深研，父母在儿童早期启蒙、人格塑造等方面所起到的作用愈发得到肯定、强调。结合这一事实，朱柏庐的“勤教子”这一家训更显得意义非凡。幼儿单纯，却也正因其单纯而不辨善恶，一旦疏于管教而沾染恶习，或者犯下错误，结果往往甚至震惊社会。当今社会此类报道时有耳闻，由此可见父母教育之重要。

◎济穷苦。人的生活水平高低不尽相同，往往比上不足比下有余，因此多也能自觉幸福，少有不满之人。但不论对自身生活条件满意与否，都不可忘了对弱小者施予救济。生活条件的限制虽然可能会影响到人自身的幸福感，但即使这种幸福感有所缺失、不足，通过帮助、救济他人也可以在一定程度上得到弥补。朱柏庐的救济不仅单限于直接的帮助、施予，还强调“与肩挑贸易，毋占便宜”，即在与游街串巷的挑贩交易时也要念其辛劳，不贪小便宜。保持这样的行为，同样也是对穷苦之家的一份善意。

◎不凌人。“违强陵弱，非勇也”，面对强横者的无理取闹畏缩不前，转而将气出在无力抗争的弱小者身上，这无疑是一种懦夫行径。古代社会，人与人地位尊卑有别，女性的地位更是处在下端，失去家庭和丈夫佑护的孤儿寡母往往容易遭受他人欺侮。朱柏庐身为理学名家、孔门弟子，对这一情形自是无法认同，也深恐自己的后世子弟沦为欺男霸女的恶霸纨绔一流，因此告诫子弟“勿恃势力而凌逼孤寡”之语。对于如今条件优越却不知检点，以致触犯法律的各种“二代”来说，这一训言最是值得对照反省。

◎不居恩。救济穷苦是为世人所称道的善行，而如何看待自己的行善之举，则是一种重要的心灵修炼。常人行善之后难免自得，只要藏于心底，这种心理就没有什么可以批驳的；所要戒除的是那些行善之后处处显耀自夸的肤浅举止，甚至是挟恩自居的浅陋心态。与此相反，对于别人的恩惠却要时时牢记不可或忘。挟恩自居难免使人斤斤计较，对他人常怀失望；而心怀感恩却可使人更觉自身环境之美。这也是朱柏庐这一家训背后一片更深层次的苦心。

◎慕圣道。朱柏庐与顾炎武同列“昆山三贤”，虽未曾说出过“天下兴亡匹夫有责”这等豪迈之语，但其“读书志在圣贤，非徒科第”一语亦足以令人拍案称是。自古读书之人多为进仕，谋求一己名利；鲜有崇慕圣贤之道，志在精进学问者。朱柏庐学问精深却屡次拒绝出仕，终身教授乡里、编纂教材、潜心学问，可谓古今读书人之表率。读书学习不仅仅是止于立足社会便可，更重要的是借由书中的圣贤之道让自己心性更加精纯，看得更高更远，更加明了自己此生的追求与意义所在，这才是读书的真意所在。

◎顺大势。人生在世不如意，有人散发弄扁舟，有人自挂东南枝，但多数还是选择接受现实。朱柏庐身为明朝遗民，目睹明亡清兴之祸乱、剃发易服之惨变，虽然不曾像顾炎武那般四处奔走起兵，但从其终身不仕的选择来看，内心对此现实也绝非全然接受。只是人力有尽而天道无常，以人力阻挡历史洪流绝非明智。但一味妥协也失之风骨，因此朱柏庐主张“顺时听天”，先做好当下，等待天时。这种态度既不激进，又能保留一份情怀，对于常人而言最为适合不过，由此也可见朱柏庐之通达。

【朱伯庐家训故事·素食不耻】

自奉必须俭约

朱柏庐一生未曾入仕，教读于乡里，因此生活也过得格外俭朴。但他对此从不在意，内心始终精神淡然，并且严于律己，力求成为妻子儿女的榜样。

自古常言“人活七十古来稀”，若遇70大寿，常人不论贫富贵贱总会费心操办。但朱柏庐70大寿之时，面对纷纷上门祝寿的亲朋好友却毫无自居之意，甚至对于他们的贺礼也一概回绝，即使是自己的儿子媳妇也只需行个礼就算是拜贺之意。招待亲朋之时，满桌多是素菜一类，妻子为此担心遭人笑话，朱柏庐却笑着表示“自奉必须俭约”。

今人为父母祝寿之时亦颇多费心，更有许多铺张浪费的行为。但这种做法难免流于场面而疏于心意，何况年高之人也不适合甘肥的饮食与喧嚣的环境。朱柏庐的过寿方式相比之下更值得今人采纳、提倡。

纪晓岚：谨记四戒四宜，先人福荫享之无穷

尝见世禄之家，其盛焉位高势重，生杀予夺，率意妄行，固一世之雄也。及其衰焉，其子若孙，始则任赌滥嫖，终则卧草乞丐。乃父之尊荣安在哉……可知农居四民之首，士为四民之末。农夫披星戴月，竭尽全力以养天下之人。世无农夫，人皆饿死，乌可贱视之乎！

——《训诸子书》

众人所熟知的电视剧中的纪晓岚幽默诙谐、风趣倜傥而富有文采，并且嫉恶如仇，可谓文士之典范，官员之楷模。尽管历史上真实的纪晓岚与电视剧中颇有出入，但不可否认其确实堪称乾隆朝的名臣。不过鲜有人知的是，这位在真实的历史上文学成就非凡却又嗜肉嗜色的野怪奇人同时也是一位对子女谆谆善导的好父亲，其流传给后世子孙的家训，更是成为后人立身处世的准则。纪晓岚的家训包含勤学、廉洁、向善等多个方面，他写给妻子的“四戒四宜”八则教子家训更是字字珠玑：

四戒：

◎一戒晚起。朝日初升之时，万物生机蓬勃而兴，正是一天之中最为焕发活力之时，所以早晨被古人视为一日之根本。人的生机与脑力在

早晨处于最佳状态，这时候的思维最为活跃敏捷，不论是学习还是工作都能达到最佳效率。因此国学大师南怀瑾也说，能控制早晨的人，方可控制人生。限于当时条件，古人的学习时间远不及今人充裕，所以才会留下许多诸如悬梁刺股、囊萤映雪的典故，孔子那句著名的“朽木不可雕也”，也是因为弟子宰予大白天睡觉而愤怒感慨。今人既知古人艰辛，更应当珍惜一日之始，切忌贪睡，充分把握一日的大好时光。

◎二戒懒惰。偶尔起床稍晚，倒也不见得就问题严重，可怕的是生活中懒惰成性、成型。曾国藩少年时虽然资质平平以至于为梁上小偷所嘲笑，但凭借着不断地刻苦攻读，最终成为一代名臣，广受推崇，可谓勤能补拙之典范；而那名不事耕作、好逸恶劳、以窃取他人辛劳成果苟活于世的小偷最终却只能以一个反面教训的例子留名于世，为众人所笑。生活并非一件易事，一生无风无浪不遇挫折之人少之又少，如果万事皆抱持懈怠懒惫之态度，即使是平静的生活也难以为继，一旦面临低谷又该如何自处呢？

◎三戒奢华。人生在世不免会遭人忌妒，家族一旦富贵就会招惹忌恨，而如果因富贵而淫靡，就更是会招来灾祸。富贵之家一旦骄奢淫靡，不免于家道衰败；达官显贵一旦骄奢淫靡，不免于抄家灭族；帝王人君一旦骄奢淫靡，不免于国破人亡，宗庙毁弃。纪晓岚曾因姻亲的贪污案卷入朝堂是非之中，流放新疆乌鲁木齐三年之久，经历诸多磨难艰辛，对此深有感触。为此，纪晓岚将戒奢华列为家训之一，告诫妻子一定要好好教导子弟。这一条对于当今社会人们近乎疯狂的拜金思潮而言同样发人深省。

◎四戒骄傲。世人皆知纪晓岚为清代《四库全书》总编纂，又著有“发人间之幽微”、“隽思妙语，时足解颐”、“后来无人能夺其席”的《阅微草堂笔记》，以其为一代文士，却不知其曾因骄傲放纵而在乡试时仅仅考中四等，在会试时更因此名落孙山。水有满溢之态，月有盈亏之变，骄傲自满之时就是由盛转衰之刻。唯有戒骄戒傲，保持谦逊，才能更加深入地了解自己，正确地看待自己，才能更加清楚自己应该如何保持进步。周易八八六十四卦之中，唯有谦卦爻爻贞吉，被称为是最吉利的一卦，也体现了世人要戒骄戒傲的劝勉。

四宜：

◎一宜勤读。无论自古还是至今，读书都是常人求学进步、出人头地最为普遍的选择，也是最佳的途径，古人对此甚至有“万般皆下品，唯有读书高”之论。虽然随着时代进步，各行各业都早已被平等看待，但仍然不能因此否认读书学习对于整个人类社会的重要性。世人不用深入探讨书中的知识为何，只需纵观人类社会发展的各个阶段和整体历程，就完全可以看到知识与智慧的重要性。只有不断地去了解、探索、掌握并运用知识，才能在实践中实现人类社会的不断向前迈进。

◎二宜敬师。敬师即尊师重道。人之生育不离父母，人之教育不离老师。老师对于个人学习生涯所起到的作用可以说是无可替代，在做人方面所起到的作用也仅次于父母的言传身教。老师为学生付出甚多，身为学子当知师生恩义，所谓“一日为师，终生为父”。尊师之念历来为古人所倡导，孔夫子教学所要求的束脩薄礼，也是为了提醒学生不忘保持一份对老师的尊重。此外，敬师也有深层含义，意味着学子对老师背后的古圣贤及其大道的一份发自内心的高山仰止之崇敬。

◎三宜爱众。爱众即仁。仁是儒家思想的核心，仁道是儒门读书人的最高追求。仁者爱人，身为儒生、身为官员更需要体恤民情，关爱百姓。纪晓岚一生为官数十载，虽然也曾因姻亲和儿子的缘故卷入朝廷案件，但本人为官却懂得体恤，曾经上疏劝谏皇帝赈济灾民，为蒙受不白之冤的官员陈情，更因当时伪道学家对于妇女的歧视压迫而予以言辞激烈地批判，可谓爱民。当今社会，由于对物质的追求和信任的缺失等缘故，人情愈发淡漠，拥有一颗仁人爱众之心更显精神之可贵。

◎四宜慎食。食色为人之本性，但人之伟大就在于能够克制自己的欲望。孔圣人曾经不胜唏嘘地感叹世人“饱食终日，无所用心”，身为读书人的纪晓岚对子女提出慎食的家训，想来也与这番圣人言论不无关系。即使是从科学养生的角度来看，饮食只吃七分饱的理论也已经越来越多地为当今世人所认可接受，何况如果是为了避免耽溺于美食呢？就连日本第一剑客宫本武藏也在其脍炙人口的《独行道》中留下“粗茶淡饭不贪恋美食”的训诫，可见要成大事之人，都不免于和自己的口腹之欲做一番斗争。

【纪晓岚家训故事·戒奢戒骄】

官阶日益进，心忧日益深

纪晓岚本人虽然是朝廷大臣，却力求教育子女要戒奢。这也是因为他自觉所学有限却位列人臣，内心总难免于忧患的缘故。为此，他在写给儿子家属的信中言辞真切地提到：若非是祖上积累，我根本就不可能做到现在的官位。再这样下去，祖上累积的福分都会被我一人享尽。古人也说：“路走得越高就显得越深。”为此你们一定要兢兢业业，节俭地生活。他特意强调子孙要“非宴客不食海味，非祭祀不许杀生”，尽管本人甚嗜食肉，却严格要求子女限制自己的口腹之欲，以免耽于享受。

此外，他还强调子女要戒骄。在家书中纪晓岚特意提到：现在纪家的宗祠，是从当年一户钱姓达官显贵后人手里买来，而那位身份显赫一时的钱姓显贵的后人，如今却已沦为了街边乞丐！诸位子女在知晓此事之后，更应该收起骄纵之心，更重要的是不能轻视农民，须知“农居四民之首，士为四民之末”。不仅不能轻视，子孙后人还要亲自躬耕，这样即使日后家道中落，亦可安心于农事，不至于饿死街头。

蔡新：求人不是处世上乘之道

善似青松恶似花，青松冷淡不如花；有时若遇霜雪到，只见青松不见花。

——蔡新《蔡氏家训》

比起陈廷敬、张廷玉、纪晓岚、和珅、福康安等乾隆时期的名臣，蔡新的名字多少有些陌生，但历数其生平我们就会发现，这位乾隆朝的大臣虽然声名不显于世，但其所担任的官职却也足见分量。蔡新自幼家贫而勤学，在乾隆初年便考中进士，而后以经史讲义之学得到重视，担任皇子的讲师，并先后担任吏、礼、兵、刑、工等部尚书，同时也担任《四库全书》的总裁，官至文华殿大学士。不仅为官治政有能，蔡新还是一位高寿之人，在乾隆年间的千叟宴上，蔡新为朝臣之中年岁最长，直至嘉庆四年才去世，享寿 92 年。蔡新著有一篇《蔡氏家训》，其内容主要是就人情世故对子女做出了提醒：

◎游历天下增智慧。读万卷书再为精通，也只是从思想上领会圣贤之道更多一些；想要真正有利于自己的践行，就必须从生活中去体悟。但每个人所生活的范围都极其有限，除了观一叶落而知秋的圣人以外，大多数人都需要通过更多地了解社会现实才能对人世与立身处世有更好的感悟。古人推崇行万里路游历天下，也是为了增进自身的见识，使自己的德行与智慧更加完备。今时虽然科学进步足以不出户而知天下，但人情的历练却只能从人情社会中去寻求，因此为人更要有广阔的胸襟，积极投身于社会之事中。

◎求人靠人非上策。外力虽然有助于更快更好地达成事业，但却不是必然可以得到的条件，因此不能作为依仗。想要做成一件事情，先不论外部条件准备是否妥当，自己的内心都必须有独立的气魄与觉悟。如果自己依赖于外力帮助，遇到的困难反而会显得更多。何况，求助于人本身也并不是一件容易的事情，即使他人有能力协助，也不代表他人有意愿协助，一个人如果没有依凭自己的气概，就难免会有向他人低头的时候。再者，既然领受了他人的恩情，自己的主导权也可能会因此受到影响，所以凡事当以自己尽力为上，不可轻言求助。

◎物质条件不可忽。古来文人轻视富贵、远离世俗，是出于对“不义而富且贵于吾如浮云”的圣道践行，并非财富本身有何不妥，偏偏后世有许多内心欣羡富贵而又不愿付出行动的懒惰狭隘之辈，自己不愿有所改变，反而摆出鄙视金钱、淡泊清高的模样，看似品行高洁，其实反而是丑态毕露。优越的物质条件不仅能够改善人的生活水平，运用得当的话同样可以促进自己的精进、救济他人的困溺，可说作用甚大。其实就连孔夫子也说如果是合于道义的富贵，即使是卑贱的工作也没什么不可以做的，这才是正确的财富观。

◎亲丧哀号无所用。生死是任何人都无法回避的话题，一个人的逝世也总会使亲友心中哀恸不已。面对亲人的离去常人都会为之号啕，眼泪也是人与人彼此之间情感的说明。只是，无论生者如何哀伤，死者都已经无法感知，这一份用泪水来表达的情谊终究再也无法传递给逝者。何况，有一类人平时疏于与亲人的交流，甚至动辄与亲人产生冲突，做不好自己分所当为的关怀与孝顺，却在亲人离去之后悲伤哭泣，这又于事何补呢？事后的泪水再为真挚，也比不上生前的小小付出更有用啊。

【蔡新家训故事·及时行孝】

年前四两银，胜过三牲祭

蔡新自幼家贫，全靠叔父蔡世远和母亲努力操持，才勉强维持住一家的生计。蔡新因此特别孝顺，其妻子对婆婆的孝顺更是超过了丈夫。

蔡新的妻子何夫人是蔡新在 23 岁那年迎娶的，虽然是一位富家女子，但为人知书达礼、温柔贤淑。蔡新赴京为官之后，由于为官清廉俸禄很少，有一次蔡新没能及时拿出一部分俸禄寄给母亲。何夫人知道后，一脸严肃地对蔡新说，有一次年末家中困顿，她与婆婆相对叹息发愁，幸亏除夕那天收到蔡新的四两银子才从容过年。虽然只是四两银子，但却比丧礼所用的三牲更为可贵。如果不趁着当下孝顺，又要等到什么时候呢？蔡新听了后大为感动，于是每逢大小节日都要省出一部分钱寄给老母。

汪辉祖：律己、治家、应世、蓄后

人非圣贤，乌能念念皆善？全在发念时将是非分界辩得清楚，把握得定，求其可以见天、可以见人，自然去不善以归于善。

——汪辉祖《双节堂庸训》

汪辉祖是清朝乾隆、嘉庆年间的一代良吏。早年的汪辉祖多次应试不中，因此只好进入衙门当一个小小师爷，直至 46 岁那年才考中进士，之后担任宁远知县、道州牧等职。但他即使是在担任师爷的期间，也因为体恤民情、做事干练而颇得百姓之爱。为官生涯中，他先是侦破了东洋伪币流通案，又为百姓迫于生计买私盐的实情上书辩护，争取谅解，更在告官之后为故园水利、围垦之事尽心尽力，可见其贤德。他的教子训言名为《双节堂庸训》，是其毕生遍历人世沧桑的为人处世总结，其内容显得更为实用：

◎心念因果报应。因果轮回的报应之说本是宗教劝人向善、服从上层的怪力乱神一流，为圣贤儒者所不取，这是因为这一说法过于荒诞愚民的缘故。但圣贤君子本身德行高尚、明辨是非，因此在为人处世之中能够懂得有所为有所不为的道理，一言一行无不符合仁道。但常人却没有这等境界，容易被他人他事引诱而利令智昏，行差踏错铸成大恨。道德高明才能做到“无所为而为善，无所畏而不为不善”，对于心智不坚境界有限的常人而言，心存敬畏才是身行端正的一大保障，这也是因果轮回之说的些许真意所在。

◎名不可过其实。名利也是人追求更好的立身处世所需要的外物，因此只要能够取之于正途便没有值得非议的地方。但名与实二者之间应该彼此相应调和，如果名不符实也会给自己带来困扰。一旦拥有盛名，同时往往也就意味着自己被寄予更多期望，需要承担更多责任；如果自身的实力配不上盛名，就不能满足这份期望与责任；一旦被世人知悉实情，这份盛名也不能长久保持，反而会成为自己的耻辱。而且名声太过必然会招致他人心怀叵测地关注、接近，最终败坏己身。如果为不符实际的虚名自得就更是愚昧的行径。

◎为官遵纪避嫌。为官之人掌握权力，因此对权力不如常人那般敬畏，也因此会心生轻忽大意，骄纵得意。但担任官职就意味着肩负着一时一地的人民期盼，如果对此没有觉悟、对法纪疏于遵守奉行，就等于是辜负民心的国蠹。官场之上也有诸多人情往来，在涉及他人他事的利害关系之时，身处敏感地位的官员更应该懂得避嫌，避免牵系其中，使自己的立场遭受顾忌，为人受到质疑。身为官员对于自己的一言一行尤其需要严加规范，心存敬畏之念，使自己远离是非。

◎夫为妻之表率。对于男女婚嫁之事，世人常有“娶妻娶贤不娶貌”的说法，对于妻子的贤德加以强调，但在汪祖辉看来，妻子的贤良与否，归根结底是看身为一家之主的丈夫有没有做好表率作用。古往今来有许多恶媳虐待公婆、继母迫害儿女的血淋淋案例，但其背后总不乏一个懦弱畏缩又或是不理家事的失职男主。闵子骞的父亲直至一鞭挥落打出柳絮，方知续弦失德，可谓是最好的事例。因此一家之中唯有丈夫明察家事身做表率，才能使家庭的氛围更加美满融洽和谐有爱。

◎架上不置淫书。汪辉祖的家训更具现实针对性和实用性，其“架上不可有淫书”一条正是佐证。色欲源自人之天性，因此一旦食髓知味就特别难以抑制欲望，尤其是心智未曾巩固的青少年，沉溺其中就更是容易败坏自己的德行、损害自己的健康。因此父母对于孩子的阅读一事也该多加留心，避免其在生活中接触各类淫秽信息，唯有从源头上进行阻绝，才能使孩子的身心健康成长。限于成人心性与人伦之礼，父母本人可能也会留存有此类成人资料，若是如此就尤其要注意好保管事项，避免孩子无意间的接触。

◎嫁女多加体恤。汪辉祖作为封建时代的知识分子，其观点终究有所局限，认为生女不若生男，比起强调男女地位平等的袁采有所不及。但其“嫁女亦须体恤”一言也足以称道。重男轻女的陋习至今仍能蛊惑一部分人，这些家中的女儿也往往被父母视为累赘或者交易的商品：女儿出嫁之时，要么斤斤计较于嫁妆一事，要么汲汲营营于彩礼一事，对于女儿本人却缺乏足够的关怀。女儿出嫁之后就更多地依赖于丈夫本家生存，一旦受了委屈也只有父母可以倾诉、依靠。为人父母该有爱惜之意，不可为世俗愚见所捆缚。

◎敛财不如藏书。生活离不开物质条件，越是要享受良好的生活就越是需要更多的物质财富，这也是世人为财物奔波的苦衷。但物质条件的创造离不开自身的能力，自身能力又是通过学习而得到，因此知识与物质孰为立世之本便显而易见了。金玉满堂经不起坐吃山空的消耗，知识的运用却可以使人更好地谋求生活与发展。因此汪辉祖告诫子孙“宜储书籍”、“勿营多藏”。书籍的价值远大于物质，却又不如金玉那般容易遭人惦记，若论珍藏，世间哪还有比其更合适的选择呢？

◎大节不可让步。常人相处总会有些许利益的矛盾冲突，对此不妨多一分理解谦让，譬如张英的六尺巷美谈。但世事无定数，即使是居于市井之中的平民也会有面对大是大非之时，这一时候该如何选择就显得不同。义之所在，虽千万人亦往而不顾，是圣贤的应对之道，这是因为其重视大节的缘故。大节一事身关人的毕生名誉，背后所牵系的也往往不止于一家一姓，因此即使凡夫俗子也该坚持大义有所不为。谨守大节难免会遭到世人的非议或是嘲讽，对此只要心念坦荡，独行不顾即可。

◎父严不如母严。父严母慈是古今中外都十分通行的教子理念，但汪辉祖却反其道而行之，其中也体现了他的眼光独具。在一个家庭中，父亲往往承担更多的外事，教子的责任于母亲而言更为重大。且幼子往往畏惧父亲威严而依恋母亲温柔，与母亲更为贴近。如果母亲对孩子犯下的错误一时心软而护短，父亲即使不能容忍也无从知悉，事后想要加以教育也往往来不及了。母亲如果一味纵容，孩子更会以此自恃，到那时即使是父亲的威严也无法使孩子心中顾忌，到那时铸下大错就悔之晚矣。

◎教书不可误人。汪辉祖不愧为一位体恤民情的良吏，即使是教子也格外注重与他人利益相关之事，连子女日后从事教育之事的原则都考虑在内。老师是除了父母之外最重要的老师，对于孩子学问之道的意义更是难以取代。身为老师，当秉持着严谨、严格的教育态度，不可将虚假的知识传授弟子，也不能疏于管教而使学生心生怠惰，至于以财物区分学生的因“财”施教之徒就更不配为人师。为师当谨记“传道、授业、解惑”的师道本分，误人子弟的做法最是卑劣可耻。

【汪辉祖家训故事·执法自守】

儿无以贫故，受非分钱，不长吾子孙也

汪辉祖的父亲汪楷病逝之时，汪辉祖的母亲徐氏与其父的继室正母徐氏均不过 30 岁，生活十分困顿。但王氏和徐氏对于汪辉祖却身做表率严加教导，终于使长大后的汪辉祖成为一代良吏与学者。

汪辉祖进入官府担任师爷后，王氏和徐氏经常以汪辉祖父亲生前的作风为例，告诫汪辉祖遇上案情要体恤当事人，得知汪辉祖没有判决他人死罪就会非常高兴。对于汪辉祖的俸禄收入，王氏和徐氏也会细心核对，每次都要告诫他不要因为贫穷就接受于子孙后人毫无益处的不义之财。到了晚年，徐氏仍然亲自纺织，汪辉祖想劝其安度晚年，徐氏却以这是汪父的遗言为由拒绝了汪辉祖的心意。正是依赖于这些严厉的教导，使得汪辉祖能够身居官场却始终以人为念，以廉为本。

帝王之德

周公旦：不因国而骄人

君子力如牛，不与牛争力；走如马，不与马争走；智如士，不与士争智。

——周公《诫伯禽书》

周公是文德显耀的文王之子，亦是武功超凡的武王之弟，更是成王的叔父，虽然没有继承王位，但若论在政治上的影响力，这位被后人视为文德武功治政集于一身的圣人却远超他的父兄。就连孔子也对周公敬仰不已，后世贤者学士也尊他为圣人，历代贤臣在劝谏帝王之时更莫不以周公为喻。周公先后辅佐武王和成王，为周王朝立下显赫大功，因此被受封于鲁国。但周公碍于成王年幼不得不暂留都城行摄政辅君之事，因此只能由儿子伯禽代行鲁国政事。因为无暇顾及儿子，于是他写下《诫伯禽书》一文作为对儿子的提点，这一举动不仅充分体现了周公对自己儿子的重视爱惜，同时也是对周公为政的一片赤诚之心的最佳说明。《诫伯禽书》同时也是中国历史上的第一部家训，周公在这一书中主要是告诫了伯禽通过哪些方面才能做一个合格的贤明君主：

◎不慢亲近。王室贵族开枝散叶，宗族成员人数远远多过常人。但随着人数的增多，宗族成员之间的血缘和关系也会愈发淡薄。血缘之亲尚不免如此，何况与没有血缘关系的大臣呢。但是身为一国君主，统领朝纲治理政事，总是离不开宗室子弟与近臣的辅佐。因此作为君主切不可因身居王位就疏远同宗子弟、轻视身边大臣，否则必然导致众人离心离德，沦为真正的孤家寡人。纣王剖心叔父比干、监禁叔父箕子、炮烙忠义大臣的亡国教训周公历历在目，因此以之为鉴，劝诫儿子不能疏远亲近之人。

◎不苛责人。常言说得天下难，治天下更难，身为治国理政之人，鲜有不犯错误者。臣下犯了过失，君王往往会下旨或当庭斥责，甚至还要加以责罚或免职。但这样一来难免会使臣下心中有所不安，尤其是对于那些历经多朝、辅佐几代君王的老臣来说，这种做法不仅对他们个人显得严苛，也会使其他旁观之人心生微词。年轻气盛初登大位的领导者尤其容易与老一班人马产生这些分歧，这种分歧正是导致内部不稳的一大隐忧。因此身为领导切记宽容理解，不可因一些微小过错就大动处罚，求全责备。

◎修德不争。常人皆有争强好胜之心，这是要强心理在作怪。身为君王，权势富贵皆居于人上，罕有能与之相比拟者，因此君王少有与人相争之心。但反言之，君王一旦心生争胜之念，祸患之巨也远远超过常人。常人所争持的不过是名利富贵，君王本身于此已经至极，能令他们争强的也只剩下帝王功业。历代亡国之君并非皆是愚蠢失智之辈，往往是因好大喜功、擅动兵戈，因此消耗国家财富，浪费百姓物力，导致国家虚弱，百姓贫困，江山因此而动荡，政权因此而更迭，自身因此而灭亡。君王争胜之害由此可见，身为掌握权力的领导就更需修养德行，保持内心淡然。

◎恭敬待人。正所谓是“君之视臣如手足，则臣视君如腹心；君之视臣如犬马，则臣视君如国人；君之视臣如土芥，则臣视君如寇仇”，身为君王就必须正确看待自己与大臣的关系。但自古以来君王身居九重宫阙，富于权势，对于麾下大臣、国家贤者往往心生高人一等之念，很难做到恭敬。但这样一来就无法显示自己的贤德，也无法使众人信服，更无法使众人竭其才智尽忠庙堂之事，就会为国家的动荡不安埋下隐忧。周公本人就是一位握发吐哺的礼贤下士之辈，正因如此他才以同样的做法来要求儿子。

◎克勤克俭。古来君王多是政绩平平耽于享乐之辈，即使是那些文治非凡的贤明之主、雄才之君，到了晚年也很少有能够继续保持勤俭作风的。普通人家生活奢靡，败坏的不过是一家一姓之财；但帝王一旦养成奢靡之风，败坏的就会是整个天下千千万万之姓的财力，整个国家都会因此而陷入困顿，更因此导致社会不稳、政权动荡，乃至激变四起、身死国亡。不论是周之前的夏桀商纣，还是之后的武帝玄宗都或轻或重地犯下同样的过错，可见帝王奢靡之患。克勤克俭不论到了何时都是统治者不可或忘的准则，对此今人亦不可不知。

◎谦卑自守。帝王君主富有天下，显贵可谓人间至极，当此之时俯视天下，心中总是不免有自持之念。汉高祖刘邦少时被父亲责骂不治产业，登基为帝之后便以“今某之业所就孰与仲多”问于老父，虽是醉后之言，却也不失为帝王内心骄纵之念的最佳写照。可惜历代君王多有高祖之富贵权势，而无高祖之用贤才能，一旦富贵已极而不知自律，不仅自身的显赫地位不能长久保持，就连性命和宗庙也有倾危之患。非独帝王，但凡身居要位者莫不如此。身居高位而知严于自律，并不会损害自身的形象，反而更能赢得尊重。

◎心怀敬畏。周公所谓的敬畏，是就兵家之事而言。诸侯皆为天子之屏障，为王室镇守一方，一旦遇有战乱必须起兵勤王以求克敌战胜。用兵之道贵在彼此相知，后世兵法家孙子就有“不知彼而知己，一胜一负”之言，可见用兵必须心存谨慎，即使明知自身优势，亦不可盲目托大，否则就会有全军覆没的风险。即使在知晓了双方实力之后仍不可盲目自信，而应对用兵之事保留一份敬畏，知其“不得已而用之”、“胜而不美”。唯有如此才是用兵的正确心态，也唯有这份敬畏才是两兵相交而取胜的关键心理因素。

◎不恃聪慧。世间有聪明之人难于快乐一说，这是因为聪明人更容易透过事物表象看到背后真实的缘故。但世间之事形于表面的丰富多彩也是事实，也正是万丈红尘的乐趣所在，常人观之不深反而能因外在精彩而感受欢乐，这种生活又岂能说比聪明人就落于下乘？普通人如果自恃聪慧而轻视他人，心生自矜之念；或是顾影自怜，自命清高之态，就很难去把握生活的道理，君王一旦如此就更是难以洞察人心，掌控时局。因此不妨“难得糊涂”，从常人的角度和心理出发去看待世事，这样才能更有益于日常生活、有益于君王治国。

◎学不自满。常人无论为求平凡生活或是出人头地，皆需学习诸多知识技艺，君王身系安定天下、福泽万民之责，所学更为精深奥妙，因此更要勤勉不辍。人的眼光总是局限于自己所经历和学到的事物，一旦满足于所学，目光就很难看得更深更远。君王肩负社稷重担，一旦目光短视，影响的就不只是一时一地，而是天下之大、百年之久。周公虽非君主，却在军事、政治和文化等方面做出了巨大贡献，可说是周王朝政权真正的巩固者，能有此等作为与他的学识能力不无关系。身为统治者不能疏于学习，而要勤勉求精，这对于现在的领导者来说仍不失其意义。

【周公家训故事·君无戏言】

天子言，则史书之，工诵之，士称之

周公是周文王的四子，武王的胞弟，他曾两次辅佐武王伐纣，并在武王登基之时手执大钺，地位之高仅次于武王。武王虽然兴兵伐纣灭商，归天下于周室，但两年之后就病重去世，幼子成王即位之后只能由周公代行辅政。周公为了周室江山，也为了这个侄儿顶住各种流言勤勉于政事，可说是费尽心血。

有一次，年幼的成王与弟弟叔虞玩耍，随手拿起一片桐叶剪做玉圭形状，开玩笑说以此为凭据，将唐地封给叔虞。周公得知之后特意换上朝服，毕恭毕敬地觐见成王并向他为此事道贺。当成王以为之前只是戏言可以不当真时，周公一脸严肃地告诉成王“天子无戏言”，成王于是选择吉日赐封叔虞于唐。这就是“桐叶封弟”一典的由来。

周公虽知成王年幼，却时时以天子之礼要求成王，可见其一片苦心，也从侧面说明了周公辅政的赤诚。周公通过这一事件告诉成王，贵为天子就要言出必行绝不轻忽，否则政令权威必然受损，纵使宗室血亲之间也难免产生嫌隙。

刘邦：学习方能无悔，恭敬可以成德

吾遭乱世，当秦禁学，自喜，谓读书无益。洎践阼以来，时方省书，乃使人知作者之意。追思昔所行，多不是。

——刘邦《手敕太子》

中国经历了漫长的封建专制社会，期间政权更迭无数，涌现出无数的豪杰，每朝每代的开国之君更是其中一流豪杰。但这些开国之君之中却罕有平民出身，而汉高祖刘邦恰恰就是其中为数不多的平民皇帝之一。刘邦生于秦末乱世，早年不事生产又不读诗书，但却以一介布衣之身提三尺之剑乘势而起，入咸阳、败项羽，一天下，和匈奴，可说是汉民族与汉文化的伟大开拓者。不仅如此，这位击筑高唱《大风歌》的皇帝对生死也尤为豁达，“命乃在天，虽扁鹊何益”一句更是令人钦佩。刘邦病逝之时太子刘盈年方16，生性又仁弱，于是刘邦写下《手敕太子》一文作为临终的教导：

◎不轻读书。读书本是人生学习上进的必由之途，但偏偏直至今时还有人鼓吹着读书无用的观点，并且还不乏附和之人。但凡是这些鼓吹“读书无用论”的人，要么本身就不精学问、不明学问之贵，要么就是以微小的成就自持，又或是出于忌妒的心理。不论自身以何为凭成就大事，想要保持这一事业最终仍不能脱离知识的运用，否则即使得到也会易于失去。刘邦少时无赖，常常轻视读书人，可要是没有一帮饱学智士的辅佐，又如何能够成就汉室400年的基业？“不轻读书”四字从他口中说出，更见分明。

◎尊重父辈。立身处世需要他人扶持指点，身为帝王同样离不开贤德之士的辅佐，尤其是资历尚浅，于治国一事尚无太多体悟的少年君主，如果不知敬重老一辈大臣，就必然不能虚心接纳他们的意见，也会使得君臣之间出现嫌隙，这样一来不但无法治理国事，还会使政局出现不稳。为此，身为幼主就更该收敛起自己的少年性子，谨守内心的恭敬。不仅仅是对于帝王而言，现实生活中，父辈人的经历之多之广也足以成为晚辈的借鉴和教训。对父辈多一份恭敬，也是对自己人生的一份慎重。

【刘邦家训故事·立储以贤】

人有好牛马尚惜，况天下耶？

太子刘盈虽然是汉高祖刘邦与吕后所生，但为人生性仁弱，刘邦因此觉得刘盈与自己的性格不像，再加上刘盈的读书写字一事有的地方甚至还不如刘邦这个早年不喜读书的无赖，因此刘邦很早之前就想着易储一事，直至后来吕后多方谋划，再加上刘盈以自己的谦卑恳切打动了被刘邦视为高人的商山四皓，这才使得刘邦决定不再改立太子。

关于这一事，刘邦在临终前的《手敕太子》一文中也以尧舜禅让天下为例，向太子推心置腹地表述了自己的心思：常人即使是拥有一头好的牛、好的马，都还知道珍惜，何况是拥有了天下呢？如果继承人不贤德，又怎么能够继承君位？尧舜禅让天下不以子就是这个道理。刘邦通过这一番肺腑之言来劝诫太子即使日后登基也要常常学习，进修德行。

刘备：弃恶从善，以贤德服人

勿以恶小而为之，勿以善小而不为。惟贤惟德，能服于人。

——刘备

刘备是三国时期蜀汉政权的建立者，也是一位家喻户晓的历史人物，为世人留下了桃园结义、三英战吕布等诸多精彩的故事。虽然早年出身贫寒，颠沛流离，但这位织席贩履的落魄豪杰不论身处何等困境都能坚持自己的道义，并且不论经历多少挫折都能不忘自己的初衷，最终凭借自己的仁德与信义获得诸多贤士的认可，建立起自己的帝王之业，也为世人留下一段传奇。刘备追求帝王业的一生颇多坎坷，晚年更经历夷陵之败，因此染病而亡。在他死前，出于对太子刘禅的担心，他特意写下《遗诏敕刘禅》一文，对儿子提出了谆谆的劝导，从中也可见其一片仁德之心：

◎为子选书。有识的父母懂得读书的可贵，但做到这一点还并不是最高的层次。每一本书的观点理念都有分歧，其中更有良莠之别，如果被书中的歪理邪说所迷惑，也会使孩子的成长出现问题。但孩子限于自己的眼界，对于书本的选择有所偏颇，因此身为成人的父母就应该承担起帮孩子挑选有益身心健康、有助培养德行的善书、良书。能够做到这一点才可称得上是真正地关爱孩子的成长。而且要做好选书一事，就必然对父母的学识也提出要求，这样一来就不仅仅是促进孩子的进步，同样可以促进大人的进步。

◎小恶勿作。小小的犯错给人带来的不利后果并不是使人立即遭受到披枷戴锁、身陷牢狱一类的灾祸，而是在不知不觉间使人心生侥幸的念头，使人的思想观念走向偏颇。即使是微小的恶行也会损害自己的德行，并且留下为人所乘的把柄。不以小恶为患，就等于是宣告日后大恶的到来。即使是普通人的大恶，也会达到令人发指的地步，身为握有巨大权力的一国之君，一旦为恶更是会殃及全国之民。因此愈是居于上位就愈是要知道端正自己的言行，不可有丝毫的轻忽不以为意。

◎小善亦为。与小恶莫做相对应的，即使是看似轻易的小小善举也并不如常人所想的那般微末，影响到整个天下也不是妄谈。身为人君如果能够正视自己的身份与能力，心怀慈柔、颁行德政，就更是能够恩泽天下。人行善道本来是理所当然的选择，但人在现实中往往会被各种表象所迷惑，不知不觉间就偏离了自己的本性良善。通过对细微善行的积累，其实也是在无意之间使自己的善德一步步地巩固壮大，减少自己对外界表象的迷惑，保持内心的一份清明。

【刘备家训故事·读书益智】

读书可以使人明智

刘备因荆州之失与关羽之死怒而兴兵征伐东吴，却在夷陵一役中惨败，加上年事已高，因此心急染病不起。心知自己大限已到的刘备为了让太子刘禅能够做好君王本分，特意在遗训《遗诏敕刘禅》一文中告诉他读书可以“益人意智”，因此要善于读书。

刘备在遗训中向刘禅推荐了《汉书》、《礼记》、《六韬》、《商君书》等一系列涉及史、政、兵、农的古籍，可见其一片苦心。他更劝诫刘禅要主动学习，不能一味地等待别人的指点。

曹操：人生便该有豪杰的坦荡气魄

夫有行之士未必能进取，进取之士未必能有行也。

——曹操《让县自明本志令》

曹操是三国时代的杰出诗人、政治家、军事家，尽管在戏文之中被描绘为白脸奸雄一类，但若论三国群英，曹操实可说是三国第一枭雄、人豪。与戏文小说中的奸诈形象不同，历史上的曹操少时便常常感怀民生疾苦、政局昏昧，并且心怀匡扶天下的大志，其诗文中为此多有慷慨悲歌之叹。也正因此，他毅然号召征讨董卓，随后迎回献帝，征伐四方割据势力，为曹魏政权的建立奠定了坚实的基础。但这位身虽暮年而壮心不已的烈士，一生却只留下了与毕生诸多辉煌功绩截然相反的《戒子植》、《诸儿令》和《遗令》这三篇简短训言于其子孙，从内容中也可见其英雄坦荡气魄：

◎坚持有所作为。立身处世应该有自己的信念，并为贯彻这一信念付出自己的实际行动，不论需要承担何种代价。尤其是正当青春之时的少年人更该有这样的豪迈气魄。曹操 20 岁时被举为孝廉，担任洛阳北都尉一职不久，就因为法令严明而触怒权贵，被贬为顿丘令，当时才不过 23 岁。等他年老之时回想这一往事却丝毫无悔，并以此事为例告诫儿子曹植要有自己的这分担当。父母爱子皆希望儿子一生平安，曹操却鼓励儿子要自我勉励，坚持自己的正道信念有所作为，从中可见一代人杰的不凡。

◎取贤而不偏爱。出于对孩子的爱，父母总是会将自己的期望和所开创的条件都倾注于孩子身上，却不论其是否真的有才能，是否适合自己为其拟定的道路。曹操的儿子众多，虽然在孩子们小的时候对他们百般关爱呵护，但等到长大后需要任用时却只有一个标准——贤。心生偏爱，以自身的好恶来选择，不仅无益于孩子的个人发展，而且会耽误孩子的前途。尤其是那些富贵的家庭，父母往往把自己的子女作为自己事业的继承者，却忽视了孩子们的能力是否适合走与自己相同的道路，这一做法并不可取。

◎谨记父辈过失。人孰无过，但往往不能拉下脸来坦承自己的错误，尤其是身份地位居于高处就更是在意自己的完美形象，为尊者讳就是这一道理。但曹操却在遗嘱《遗令》中坦承自己治军时的错误，并告诫继承人要引以为戒，不可学习，实在是可贵。为人要善于看到别人身上的过失而后自省，对于父辈的过失更要明鉴。一方面要避免父辈的错误，令他们能够心有安慰，另一方面对于父辈的过失也要在力所能及的范围内加以弥补挽救，这同样是对父辈的一片孝道。

◎丧事不可奢华。世间最精彩的莫过于人生一世，生命的终结总是令人心中排斥。即使永生无望，也要在死后奢侈治丧，厚殓埋葬，这是自古至今以来的主流观念。然而人死之后精神即便消散，空留一具腐朽身躯，花费大量钱财整治的金银陪葬器物不仅于逝者毫无用处，反而加重生者的生活负担，更会引来盗贼的窥探，使逝者死后还要遭受到种种屈辱。只要秉承着发自内心的恭敬与悲哀，就足以送逝者一程。即使出于世俗不成文的规矩不得不有所排场，也应以节俭为上，杜绝奢华浪费。

【曹操家训故事·胜不居功】

黄须儿竟大奇也

据史料记载，曹操子嗣繁多，一共有25个儿子，六个女儿（可考证的），三个养子。他的每个儿子都个性殊异，有的勇猛，有的深沉，有的聪慧，有的狂放，但曹操对于他们的教导都是一样的严厉。

曹彰是曹操与夫人卞氏所生，是曹植的兄长，自幼好武，勇猛过人。曹彰在被派往征讨乌桓之时，曹操特意告诫他说："居家为父子，受事为君臣，动以王法从事。尔其戒之！"提醒他千万不可凭恃着父亲的权势藐视法律。曹彰听后便小心谨慎地领兵打仗，最终平定战局。等到回来之后他更是谦虚地把功劳归结于麾下将领。曹操对此非常欣慰，摸着曹彰的黄胡须赞叹说"黄须儿竟大奇也！"

曹丕：不可掩过而不改过

生有七尺之形，死唯一棺之土，唯立德扬名，可以不朽，其次莫如着篇籍。

——曹丕《与王朗书》

曹丕是曹操的儿子，因在文学上的不凡成就而与曹操、曹植同列为"三曹"，与"建安七子"同为建安时期文学成就上的代表人物。曹丕也是曹操爵位的继承人，后来更是代汉自立，建立曹魏政权，死后被尊为魏文帝，可说是一位风雅而又不失为政手段的杰出政治家。从曹丕登基后推行的一系列政策来看，他对治理天下也有着很高的期望，可惜在位仅仅七年就因病逝世。在他逝世之时，特意为太子曹叡留下了《诫子》一文，教导他如何才能做一个明君。他在文中所言对于父母来说可谓是金玉良言。

◎不掩子女之过。父母爱自己的子女是天经地义的事情，但热烈而盲目的爱却往往是耽误了子女的一生。爱惜子女就更要从大仁大义的角度出发，对于犯下过错的子女尤其如此。如果对子女的错误一味地遮掩，反而会放纵子女的恶行，日后更加难以挽回。况且世间也没有什么恶行是可以永久掩盖的，一旦真相公开，整个家庭都会蒙受耻辱。身为父母，对于子女的错误一定要充分地重视，认识到子女犯错是出于是非观念的浅陋而非道德上的重大缺失，保持一颗平常心来教育；同时又要认识到一旦放纵疏于教导会带来的严重后果，保持一颗警惕心去对待。

◎用人不可偏私。人的秉性各自不同，思想观念也就不同，气场也就不能保证人人相和。因此在与人交往的时候每个人都会有所选择，与那些合于自己心念的人往来。这在交往中是很普遍的事情，但对于领导者来说却是一种大忌。如果用人有所偏好，就必然会因感情因素影响到自己的合理裁决，要是一味地纵容自己信赖的下属，为其掩盖过失不予责罚而不顾其他人的感受，就会暴露自己的失德，使自己逐渐被孤立。身为领导者应该尽可能的收敛自己的个人偏好之心，这才是用人之道。

【曹丕家训故事·掩过无益】

行之不改，久久人必知之

曹丕虽然只当了七年的皇帝，但却在政治、军事、经济等方面多有建树，使得曹魏政权进一步巩固壮大。曹丕在政治上采用九品中正制，并在制度上杜绝宦官干政的源头，设立中书省行使大权，对于任用官员一事深有体会。为此在病逝前他特意以父母溺爱子女为事例来为太子曹叙阐明仕宦之道。

曹丕在《诫子》中说："父母于子，虽肝肠腐乱，为其掩蔽，不欲使乡党士友闻其罪过，然行之不改，久久人自知之。用此仕宦，不亦难乎?"错误无论怎样掩盖，最终都只会助长犯错者的嚣张气焰，并且使得他人离心离德。为此在用人之时一定要赏罚分明，不可因偏爱下属而为其遮掩，致使政局败坏。

李世民：身为帝王要勤于政事

王者以天下为家，何必物在陵中，乃为己有。今因九嵕山为陵，不藏金玉、人马、器皿，用土木形具而已，庶几好盗息心，存没无累。

——李世民《文德皇后碑文》

李世民是中国历史上文治武功皆属显赫的一代皇帝。他在登基之后牢记前朝教训，励精图治，终于开创贞观之治。但李世民晚年之时，他的几个儿子为了皇位而互相陷害，使他遭受很大打击。为此，在最终册立储君之后，李世民特意写下《帝范》一书为训。由于出自帝王家，李世民的这一训导是从为政之道出发，不同于历代文士大儒的家训。但观其内容仍然可以看到以下许多值得今人借鉴之处：

◎勤政为民。身为帝王就该承担起天下万民的重担。李世民统治唐朝期间，任用贤才以理政事、多番用兵以御外侮、均田租调以振经济、征集图书以兴文化、怀柔各族以固家邦，可谓功勋卓著，厥业至伟。身为一代贤君，李世民心心念念不忘帝王之责，对于太子也抱持同样的要求，更为太子详细列出"宽大"、"平正"、"慈厚"、"孝恭"等君王必备的德行。普通人即使没有上位者那般充裕的财富与巨大的权柄，仍然可以进修这些美德，关爱身边之人。若人人皆能互亲互爱，有没有统治者又有什么区别可言呢？

◎杜绝唯亲。亲有远近，情有亲疏，此为人之常情。但在面临一些是非问题时就必须对这份感情保持理性，身居高位的从政者尤其如此。专制君王的一言一行对于整个国家百姓而言都影响巨大，如果在选拔人才的时候唯亲是举，就会错失贤才；在委派任务的时候唯亲是用，就会导致失败；在裁决是非的时候唯亲是袒，就会招来离心。一旦如此，国家的政权必然陷入危亡动荡。举人唯亲的不良风气一旦大行其道，对于整个社会的进步都是一种巨大的阻碍，古往今来皆是如此，不可不防。

◎不论出身。普通人与人交往的第一印象总是受到对方出身的影响，身居九五尊位的帝王俯视天下之间，身边多有贵族世家精英，对于“出身”二字自然更是看重，但是出身并不能等同于能力、品德。帝王肩负天下社稷万民的兴衰荣辱，任人更要以贤为主。李世民身为一代明君，目睹前朝炀帝身死国灭的悲惨下场，深谙用臣用贤之道，因此对太子李治谆谆教导。同样，常人在交友或是婚嫁之时也应该更加注重对方的品行能力，如果被对方出身所迷惑，也很有可能误交损友，所托非人。

◎虚心听谏。很难想象，当李世民这位因善于纳谏而留下万古嘉誉的君王在将“虚心纳谏”这一训诫写入《帝范》，用以训诫储君之时，心中是否怀有一份特别的骄傲自豪？纵观历朝历代都有君王不耐忠良之言以至疏远诤臣，轻则荒废政事，重则身死国亡的惨痛教训，大凡身居高位者，都不免于轻信自己的智慧，自诩英明神武，能自承天资平平、听取他人意见者少之又少。以一人之智而图天下之事，反而不智。当今的从政为官者在决策之时，普通人在遇事选择决定之时，别人的意见也同样值得参考、听取。

◎忧患意识。人之一生总有波折风浪，若想在面对艰难险境之时能够逢凶化吉，就不能不在平日未雨绸缪。平日饱食终日无所用心而不知长远思考，一旦身处困顿就会手忙脚乱穷于应付，最终一败涂地。李世民身为贤君，深谙“江山易得而难守”的道理，为此特意告诫李治必须心存忧患意识，时时事事不忘从长远考虑。清朝统治者盲目自大，沉溺于“天朝上国”的幻想却不知着眼世界，直至被西方列强的坚船利炮轰开国门，丧尽颜面国格，可见忧患意识之重要。

◎集思广益。历代饱受骂名的亡国之君往往并非全是“何不食肉糜”的愚鲁之辈，相反常常还是天资聪颖、功业卓著、一意中兴的天才仁君一流。比如纣王“资辨捷疾，闻见甚敏”；炀帝“爰在弱龄，早有令闻”；崇祯皇帝“鸡鸣而起，夜分不寐，焦劳成疾，从无宴乐之事”。但他们却都成为亡国之君，究其原因，不外乎过于自信。治国理政虽是君主本分，但倚仗一己之智却绝非聪明。天下国家之重绝非一人可担负，人君必须谦卑知陋、集思广益。这一点对于当今社会参与工作或是钻研学业之人同样具有指导意义。

◎防止奢靡。君王一旦骄奢淫逸，往往埋下亡国之因。帝王坐拥天下，手握生杀大权，身边总不乏谄媚献好之人，常人那些难于实现的欲望在帝王眼中不过是唾手可得，因此极易沉溺。隋炀帝早年开创科举、修建运河、平定吐谷浑，文治武功皆属赫赫；但他后来骄奢淫逸放纵享乐，终于引发起义，身死国灭。李世民眼见前朝得失，深知人心欲望之难禁，深知帝王奢靡之可怕，为此在统治期间减轻赋税、节制奢欲，这才有贞观之治的出现。他更将“崇俭”之训写入《帝范》，希望太子李治能够戒除奢靡，不负自己的期待。这一训诫对于身处官场的领导以及家境富裕之人同样值得反思。

◎处事公正。历朝历代，立于君王之侧的朝臣不可胜数，但其中大抵是恪尽君臣忠义者少，心怀私利权谋者众，更有谄媚矫饰的欺君小人上蹿下跳，欺瞒圣意。因此君王很难做到人人兼信兼亲，在遇事决断、对人赏罚之时也难免有所偏倚。一旦帝王因一家之言、一己之好而决断有误、赏罚不公，势必会引起当事人内心的不满与嫉恨，甚至因此离心离德。当今社会，越来越多关于法律案件判决不公的事件被爆料出来，每一次都会引起舆论哗然，使政府的公信力进一步降低。可见处事公正的重要。

◎修兵尚武。孔子说“以不教民战，是谓弃之”，可见孔子虽然反对战争，但也深知修兵备武对于家国安全的重要性。唐朝立国之初并未能够一统天下，及至立国之后边境又遭逢突厥、吐谷浑、高昌、薛延陀等多个少数民族侵扰，为了统一政权、巩固家邦，李世民在登基前后曾多次亲自统兵或派出大将征讨四方，这才使得李唐王朝基本安定，国家的繁荣兴盛要以国家稳定为前提，而欲使国家稳定，除了统治者修德安民以外，一只雄壮的劲旅也同样不可或缺。参照近代史上清末八旗兵马腐化堕落、不堪一击的耻辱教训更能说明这一点。

◎崇尚文化。李世民虽然为一代弓马皇帝，但也喜好文学，更曾广修书馆，征集、保管天下图书。文武二道不分高下，国家未定之时要以武力统一，政权巩固之后就要以文治世。不研习文道就无法教化百姓，甚至统治者自身也会“肆情从非，业倾身丧”。单论诗词，隋炀帝的艺术成就甚至还在李世民之上，但隋炀帝耽于奢靡享受，唐太宗崇尚文德治国，最终两人一以昏君之名而遗臭，一以明君之称而流芳。当今时代，我国政府仍然大力倡导弘扬传统文化、重塑美好品德，这也正说明了“崇文”思想到何时都不会过时。

【李世民家训故事·遇物则诲】

遇物必有诲谕

唐太宗十分重视子女的教育问题，将其视为“当今日之急”。尤其是发生了太子承乾谋反被废的事情后，李世民对太子的教育就愈发重视起来，不放过日常起居中任何一个教导的时机。

有一次，李世民看到太子吃饭，于是问他是否知晓饭的道理。太子说不知道。于是李世民告诉他农耕辛苦，要体恤百姓，不能耽误他们的农时。

又一次，李世民见到太子骑马，于是问他是否知晓马的道理。太子表示不知。于是李世民告诉他，只有保证马的充足休息，才能利用马来代劳，其实是变相地告诫太子要爱惜民力。

又一次，李世民见到太子乘船，又问他是否知晓船的道理。太子还是不知。李世民便告诉他船如君主，水如百姓。“水能载舟亦能覆舟”，因此为人君者要心存敬畏。

还有一次，太子在树下乘凉，李世民又问他是否知晓树的道理。太子仍旧表示不知。李世民又告诫太子，树木即使长得弯曲，经过木匠的绳墨测量仍然可以切割出笔直的木材。君主即使犯错，但只要虚心纳谏就仍然可以拥有圣德。

赵匡胤：帝王行仁道莫过于此

欲出未出光辣达，千山万山如火发。须臾走向天上来，逐却残星赶却月。

——赵匡胤《日诗》

赵匡胤是五代至北宋初年的著名军事家，也即宋朝的开国皇帝宋太祖。抛开开国之君这一尊贵身份不言，赵匡胤还是历史上少见的拥有武术家这一称号的皇帝，号称是“手提一条盘龙棍，打遍天下四百州”。宋太祖虽然是马背出身的一介武夫，但其仁慈心肠在历代帝王之中却都十分罕见。赵匡胤原本是后周的将领，在陈桥驿兵变之中被众将领一致拥护黄袍加身，这才取代后周自立。相传赵匡胤称帝之后曾为子孙留下了一份极为机密，只有继承者才能观看的遗训，直至金国打败宋朝攻入皇宫，这一遗训才为人所知。赵匡胤的遗训只有三条，但读来却令人尤为感念：

◎善待前朝遗民。中国历史几千年来，先后更替了不知多少朝代，出现了多少大大小小的政权，只要有政权建立，就必然伴随着血腥的杀戮，即使是同室兄弟之间也不能避免，那些尚在襁褓之中的无辜婴儿就更是下场可怜。但赵匡胤作为取代前朝的开国之君，又是一介武夫，却能做到体恤前朝遗民，更告诫后世继承者后周皇室子弟有罪也不可处罚，即使是犯下谋逆大罪也只能以保全尊严的方式诛首恶，不可株连无辜。参照自古以来的皇权更迭血泪史，这一遗训所体现出来的厚德堪称古今皇帝第一。

◎尊重士人大夫。封建专制时代的最高统治者自称“天子”，以自身为天下最尊最贵，除了少数的明君之外，对于士大夫文臣很少能够做到听取其言、尊重其人。即使臣子出自一片忠义之心冒死以劝，往往也只是给自己带来祸害。赵匡胤虽然是武将出身，却对读书一事特别勤勉，因此知晓文人士大夫于国家的重要意义，立下不杀上书劝谏之人的训言，可见其仁德开明。这一做法即使是对当今社会的政府也具有值得学习的地方。知识分子是一个国家重要的支柱，不论其观念意见如何，都应有尊重、善待的态度。

◎体恤农民辛劳。躬耕田亩可说人世间最为艰辛的事业之一，但也正是这一事业撑起了一个国家民生大事的基础。历朝历代的统治者虽不乏爱惜民力的明君，但对于国家财政一事却仍是极为看重，对于民财积累一事仍有忽视。宋朝在历史上历来以国力贫弱为人诟病，但真实的历史上宋朝民间经济之繁华甚至不逊于盛唐，否则也不可能成为使中华文化繁荣到极致的朝代。国家的兴衰不是取决于国家掌握多少财富，而是国民能够拥有什么样的生活条件，敛财于己与藏富于民孰为治国善道，这一问题不论是古代还是今时都应该为统治者所反思。

【赵匡胤家训故事·爱惜民财】

帝王家更要节俭表率

宋太祖赵匡胤共有四子六女。身为皇室宗亲，本来都可以享受到人间极致的奢华富贵，但赵匡胤对于自己的子女却反复强调节俭二字，不仅如此，自己也身体力行。

有一次，赵匡胤的女儿永庆公主穿了一件金丝线缝着孔雀羽毛的华丽衣服入宫拜见赵匡胤，赵匡胤见到之后不但没有夸赞，反而勒令女儿以后不许再穿这件衣服。公主对此不以为意，赵匡胤却以齐桓公爱紫衣以致布料价格疯涨的前事为例，告诫女儿不可因一时奢华而使得民众负担增加。公主便试着以赵匡胤所乘御轿年久破败需要黄金修饰相问，赵匡胤同样予以拒绝。永庆公主这才明了父亲一片爱惜民财的心意，对此心悦诚服。

朱元璋：帝王不可不知明智通达

雪压枝头低，虽低不着泥；一朝红日出，依旧与天齐。

——朱元璋

朱元璋是明朝的开国之君，也是中国封建专制历史上一位伟大的杰出帝王。朱元璋以一介淮右布衣之身起事抗元，在15年内便将统治中国近百年的蒙元政权从中原彻底扫除，并将丢失四百多年的燕云十六州再次收回，光复汉家河山天下，功劳之高，古往今来汉家帝王难有与其比肩者。朱元璋不仅是乱世枭雄巨擘，同样是一位治国明君，在他统治天下的三十多年间，社会生产力渐渐恢复，政治、边防、文化、外交等方面也成就不菲，史书亦以“洪武之治”记载之。朱元璋自小吃尽苦头，深谙世间凶险，出于对皇族子女长居深宫、不明世情的担忧，不惜花费六年时间写下一部《皇明祖训》，用意阐述自己的为政观念和教子规范：

◎法律不可严苛。法律的意义在于规范社会全体成员的行为合于道德的底线，不论古今皆是如此。不少人出于对社会上种种违法恶行的厌恶，主张法律唯有极其严苛方能治世，但这一观点却颇需斟酌。古往今来多有法律苛刻不近人情的朝代，但犯罪行为也不曾稍有断绝，何况法律终究是僵化的条例，又由人来执行，如果过于严苛不仅会在个别案例上抵触人情，更会因一时偏差而后果难挽。法律本来是用以维护善人，如果因此误伤良善，立法的初衷又何在呢？今人在面对立法的争议时，也不妨细细思量其中的道理。

◎干戈不可妄动。“兵为不祥之物，不得已而用之。以兵为美是乐杀人者，必不能得志于天下”。其实对于常人来说，动辄大动干戈不仅不能得志于天下，就连自身都有深陷牢狱之灾的风险。面对一些极端的争议，极端的态度只能使势态往更加恶劣的方向发展，对于事情的解决没有任何用处，对于国家来说就更是如此。国与国之间的争端，牵涉更广、波及更巨，如果妄言兵事，损害的只能是本国国民的生命利益。因此，小至个人大至国家，动手通常绝对不会比动口更为高明，“动手”、“开战”一类贻害无穷的口号就更是免提为好。

◎居家安全准备。厄运是人人避之唯恐不及的，但如果想要最大限度地避免厄运的困扰，就最好在生活中做好各项应急措施，加强对自己人身安危的保护。天有不测风云，人有旦夕祸福，古人此言中的话意，也不外乎是提醒人们这一点。一个人即使是身在家中，也有可能会因为疾病、盗贼等种种突发情况而使自己或家人的生命安全遭受不同程度的威胁，要想保护好自己和家人的安危，就应该从自家的实际情况出发，做好相应地安全准备工作。这种做法看似小人戚戚，实则是对自身负责的大仁表现。

◎不可因利失亲。利益的冲突往往伴随着人情的冲突，在这一情形下是以利益为重还是以人情为重，往往令人难以抉择。利欲熏心的人会为了自己的私利甚至将亲情也抛诸脑后，这种做法又何其令人可叹。即使是一代圣明帝王李世民，也因同室操戈的玄武门之变而留下抹不去的污点，常人的亲情利益冲突虽然很少能够达到帝王之家的惨烈，但所失去的东西却是同样可贵。何况，亲人之间的利益冲突一旦为有心人所乘，到头来往往是亲我双方一无所得，更有可能累及全族去成全他人，这又岂不是亲者痛、仇者快的失智之举?

◎以事辨人善恶。世间人心尤为凶险难测，如果交友不善不仅会受到无故拖累，更有可能遭受有心之害，因此不可不识人以道，区分良莠。狡诈的恶人总是会用高明的言辞来打动人心，因此更好的办法之一便是用事实来观察其行为。如果抱持着奸谋去做事，即使言辞再为高明，也很难彻底掩盖自己的行为，由此就可看出一个人的思虑究竟是立于善道还是邪念。明确了这一点，小则可以保全自己，大则可以有益于成事，实在是值得采纳的办法。当然，更为高明的恶人有时连行动都能蛊惑人心，这就更需要个人在观察之外保持一份耐心慢慢去辨别。

◎外出先做了解。不论是为了求学精进、公务督办还是游览出行，人总是需要离开自己平常所处的环境去往遥远的地方，为了保证自身的安危，这一时刻同样要详加准备。这种准备不仅是就自身而言，更是对自己所要去的地方多一份关注。古语有“君子不立危墙之下”之言，如果因不明是非而将自己陷入险境，真可说是对自己的大不仁。当今世界，人类社会虽然不断发展进步，但也总有动荡不安的地区存在，如果因事前疏于查阅了解而陷自己于险境，显然不是一个好的选择。

【朱元璋家训故事·皇子也打】

顽劣不学便击其额头

自古以来面对不听话的学生，老师都会通过体罚来作为惩戒，尤其是生性古板的老师，责打学生时下手就更是严厉，但面对皇室子女仍然能够这样做的，就真的是了不得了。

朱元璋虽然是一介布衣出身，但出于一代伟大帝王的眼光，他对于知识教育一事的重要还是十分明了的，为此他专门选择了宋濂等一干饱学之士作为皇子的老师。由于受命于帝王之托，这些老师自是不敢轻忽，其中有一位名叫李希颜的更是十分严厉。

每次只要有皇子顽劣不学，李希颜便会抄起戒尺直接击打皇子的额头，这一责罚可说毫不给皇子留颜面。不仅如此，这种责罚还是货真价实的击打而非装模作样，后来的明成祖朱棣也曾经历过这样的“待遇”。朱元璋一开始虽然有些不满，但最终还是认可了这一做法，并对李希颜升官加爵作为奖励。

康熙：皇子更需修养德行

尔等凡居家，在外，惟宜洁净。人平日洁净，则清气著身；若近污秽，则为浊气所染，而清明之气渐为所蒙敝也。

——康熙《庭训格言》

爱新觉罗·玄烨即是清朝历史上的康熙皇帝，也是中国历史上在位时间最长的一位皇帝。在他统治期间，先后削除三藩、打败明郑、平定准噶尔，并与沙俄作战取胜，确定了黑龙江流域土地的归属。他的勤政为后来的康乾盛世奠定了基础，也因其崇学、开明而被后世学者尊称为"千古一帝"。康熙对于诸位皇子的教育也特别看重，在由其口述、其子雍正执笔记录的《庭训格言》中，处处可见其对于皇子德行修养的强调：

◎常存仁者爱人之心。仁爱之心是圣人所倡导的，身为统治者尤其要修养这一仁心。天下万人莫不有情，天下万物莫不有感，施以仁爱之心，自然也会得到仁爱的回应，使自己的内心长保慈祥与和乐。仁爱之心也是伟人能够成就大事的心理因素之一，念念不违仁爱心意才能使自己拥有面对困难而无所畏惧的动力。此外，清朝是满族建立的异族政权，身为游牧民族，受中原的仁义道德教化影响较浅，因此身为统治阶层如果不能主动学习了解仁爱，就无法巩固自身的政权。从康熙皇帝的这一训言中也可见其深远思虑。

◎辛勤劳动是人之福。世人常谓"当家方知柴米贵"，可见要想真正地了解生活，就必须承担起生活的责任才能有所体悟。如果衣食住行都不用自己操心费力就可以坐享其成，就很难理解生活的含义，也很难理解为了自己而辛劳的他人。凡事有所对比方知高下，一个人只有自己也为生活疲于奔波，方能在闲暇时感受到生活的幸福，出身于优越家庭的孩子更是如此。身为皇室子弟，从小极尽富贵荣华与尊崇趋附，难免养成“何不食肉糜”的怠惰纨绔。康熙认为只有把辛劳看作幸福才是圣人的眼界，才是应该效仿的。

◎杜绝邪念谨守端正。人的念头流转不息，一刹那间就不知转过几重，连自己也难得注意到。这些念头有善有恶，无时无刻不在无形之中对自己的思维理念产生影响、进行引导，进而使自己的言行举止随之而变。如果放纵了自己的恶念，即使是贤德的圣人也会有一天犯下错误；如果能够心心念念不忘持正，即使是一个愚夫也可以不断接近圣人的精神境界。因此在日常生活中，要对于自己的每一个想法都加以明辨，判断其出发点是良善还是邪恶，并加以扬弃，从源头处防微杜渐，进而规范自己的言行趋于圣道。

◎修身不可不念慎独。人皆有不忍之心，这种善念正是人人皆可成圣贤的源头之一。世间并没有天生穷凶极恶之人，恶人之所以行止偏离仁道也是由于教化的缺失不足以填补自身经历所造成的人心缺陷，因此于修身一事必须格外注重、时刻不懈，尤其是在处于氛围宽松、缺乏强制监督的环境下，尤其要注意端正自己的言行。一旦在暗处放松了自己，平日里的刻苦修持就会松垮、崩塌，徒然做了无用功。唯有在独处之时也做到如在大众面前的谦恭守矩，才能真正谨守仁道，这就是“君子不欺暗室”的道理所在。

◎读书不可尽信书本。经书典籍虽然是对圣人道德之言的记载阐述，但其中的道理也都是就一定范围 、事项而言，为人读书学习应该先对此有所认知，然后再去具体了解道理的含义。如果不了解现实情况，一味地用书本中的道理去解释、看待、实施，即使是圣贤仁德之言也会使人做出错误的选择。因此读书不可不与现实相结合，更不可执着于书中的一字一句而偏废其主旨。读书贵在修身明理、通达心念，与其死读书，不妨追求陶渊明“不求甚解”的恬淡闲适。

◎读书不可轻忽一字。读书虽然不能执着于一字一句，耽溺于书中的道理，但对于读书一事本身却要有端正的心态。读书不可轻忽一字，说的是读书之时遇到不通之处的最佳态度。经书典籍、圣人之道往往是微言大义，即使是今人想要读通也尤为不易，古人想要追溯其根本同样十分艰难。常人读书多是观其大略，对于一些半懂不懂的道理轻轻放过，不做深入思考。古人有“知则为知，不知则为不知”之谓，一个道理既然看到，就务必做到了解透彻不存疑惑，否则在日后生活中有所作为之时就必然陷入困惑。

◎为人心性不可悖逆。现实生活中常常有一类性格迥异之人，对于世事抱持一套与常人偏离甚至相悖的观点，同时性格又古怪或是执拗，因此显得与众不同。这类人看起来像是志向高洁、操守端正的样子，但不过是言辞夸夸其谈，平素的作为其实与常人无异，若要让他们去办一些事情往往也是眼高手低，不能达成；更有的因为心性之故而使自己的言行抵牾他人，以至于惹祸上身。这类人看似疏狂坦荡，其实多是自以为是顾影自怜，并不值得效仿学习。为人处世应该消除无谓的逆反心理，秉持正念。

◎生死之事人之常情。古人迷信，历代帝王身居九重享尽荣华富贵，对于长生久寿之事就更是痴迷。但生死轮回本是符合天道循环的至理，对此不加清醒认识反而贪求寿数长久，不仅无济于事，连自己的后人都会受害。秦皇汉武、唐宗雍正，这些帝王无一不是雄才大略、洞悉世情，偏偏对于生死之事不能看透，相较之下，身患重病却拒绝医治并自言“命乃在天，虽扁鹊何益”的汉高祖刘邦比他们更多出一份对人生的豁达。康熙也是一位平素生活淡泊、注重养生的帝王，虽然年岁渐长须发变白却秉持听其自然的态度，也属难得。

◎人君不可偏好一事。人生来不同，志趣也各有差异，但多数人都有自己偏好的几项事物。追求自己不违仁义的偏好并无不妥，但一味沉溺其中也会偏废生活中的他事，对于统治者和领导者而言就更是一种大忌。上有所好，下必甚焉，身为统治者当知平衡的艺术与正面的榜样，为此必须对自己的个人意志有所抑制，以免在领导、治事之时出现决策和执行的偏差。此外，统治者如果有所偏好，就难免被他人有隙可乘，即使自身聪明睿智也会被迷惑。“木匠皇帝”朱由校就是一个最佳的例子。

◎人君不可推诿其过。即使是再英明神武的统治者也会做出错误的决策，但谁来承担决策失误的责任却是统治者难于直面的问题。好大喜功、自饰其文采的统治者往往会将责任推诿于下属，甚至为了堵住悠悠之口而不惜动用极刑。但这样不但不能掩盖自己的过失，反而暴露了自己的无德，使臣下日益离心。舜禅位于禹之时，曾留下“万方有罪，罪在朕躬；朕躬有罪，无以万方”的诫言，如此态度方不失为圣贤明君。把过错推给他人，同时也把自己推远了他人，人心与颜面何者为重，身为帝王不可不知。

【康熙家训故事·学习无间】

开卷即有益于身心

康熙一生子女众多，共生育有35个儿子，20个女儿，孙子97人。康熙对于子女的教育特别重视，尤其是读书一事更是“寒暑无间”。

康熙的子孙每天从早上三点开始起床读书，一直到晚上七点，除了吃饭以外没有任何空余时间。每天不仅要复习前天功课，还要背诵书本120遍，写字100遍，并学习弓马射御之术。每天的学习可说是课业繁重，但也正是有赖于这种严格的教育，使他的子孙大多学识渊博，鲜有纨绔之辈。

雍正：除尽陋习，国家天下皆可安

庶人尽除夫浮薄嚣凌之陋习，则风俗醇厚，家室和平。在朝廷德化，乐观其成。尔后嗣子孙并受其福，积善之家必有余庆，其理岂或爽哉！

——雍正《圣谕广训》

爱新觉罗·胤禛是清朝康熙皇帝的第四子，也是康熙皇帝最终选定的继承人，也即清朝入关后的第三位皇帝——雍正。雍正也是清朝历史上一位勤于政事的皇帝，虽然在位只有短短 13 年，却批阅了大量的公文奏章，并且大力整顿吏治，以致后世流传有“雍正一朝无官不清”的说法。雍正不仅勤勉于政事，对于民风教化一事也同样看重，他曾在康熙帝的《圣谕十六条》的基础上加以阐述而成《圣谕广训》一文，并将之公布全国，以供上至皇族子弟下至平民百姓学习奉行，以此倡导“风俗醇厚，家室和平”：

◎重视基层。天下国家虽然广大，却是由众多一家一姓之民聚合而成，因此要注重每一家室；一家一姓终究是聚集在乡镇基层的数目最多，因此想要救济天下困溺，最终也还是要从最基层的一家一姓开始，这是为政之人最不可忽视的地方。基层民众占据了一个国家最多的人口比重，因此基层的稳定实质上就是一个国家的稳定。不论时代、制度如何变迁，都应该将基层之民的生计和教化看成是重中之重。越是能够注重这一点，就越是说明为政之人的长远眼光与仁德品质。

◎致力教育。教育不仅是人的百年大计，更是国家的百年大计。国家的长治久安并非是少数统治者能够胜任的工作，历史的进程也不允许由少数人的意志来决定国家的走向。只有国家涌现出越来越多的人才、志士，才能使国家进步的步伐迈得更大、更快。纵观古今中外历史，那些饱受战火摧残的国家之所以能够迅速振兴，与其在教育上的投入都密切相关，这就是事有轻重缓急之分的道理。往大了说，不仅是统治者，即使是个人也应该看到教育对人的意义，善用自己所享有的教育条件来追求更高远的人生。

◎摒弃邪说。即使是在强调思想大一统的古代社会，也涌现出了诸多异端见解，其中还不乏超前的理论，当今世界价值观多元化，人与人之间的思想差别、学说分歧就愈发明显。但这种种分歧之中往往不仅掺杂了主观的私货，更有许多似是而非、悖离善道、蛊惑人心的真正“邪见”，当真有末法之年群魔乱舞的征兆。那些直接与善道悖离的见解还比较明显，但更多的是那些正道旗号遮掩之下的蛊惑之词。作为崇尚知识、崇尚圣道的有识之士，对于这些言论应该有足够的警惕去分辩、驳斥。

◎学法懂法。“国无法则不治，民无法则不立”。一个社会的安稳不是统治者或有德之士个人的几句倡导就可以实现的，依赖最多的还是严明合理的法律条文，身为统治者要重视法律而不是强调个人意志，身为民众要尊重法律并对法律有足够的认识与了解。社会上许多穷凶极恶的犯罪分子往往都是目不识丁的社会底层贫民，犯了法之后不仅不知悔改，还能发自内心地问出许多天真的问题，这些案例足以让人沉默深思。对于接受过良好教育的人而言，学习、了解法律，不仅仅是为了不主动触犯法律，更是保护自己不至于轻信人言而触刑。

◎严训子弟。人生三戒：色、斗、得，虽然因人生的各个阶段而有所偏重，但若想做一个明智有识的父母，在教育子女之时就最好兼顾并重。少年人心智未定，又处于生命力最为活跃旺盛的时期，管教一旦稍有疏忽，就可能埋下日后不善的种子，甚至在当下立马就有恶果结成。

尤其是当子弟的行为已经出现偏差，为人父母就必须要有足够的警惕，否则子弟的恶行一旦养成，悬崖勒马之说多成空谈。到了那时，越是条件优越的子弟，闯下的祸患就越是惊骇越是难以挽回，彼时再悔悟当初不加严训也无济于事。

◎不诬良善。法律的制定本是为了裁定是非、平息争讼，但由于法律存在漏洞，很多时候反而被人所利用，不仅避开了自身本该承担的处罚，反而使他人遭受不白之冤。这种做法看似没有全部危及他人的生命，但在众多恶行之中影响却是最为深远巨大，因为它会影响到全体社会的价值观念，伤害全体民众所奉行的善德。以一己良善之身而遭受不白之冤，已经足以令人愤鸣不平，何况伤害到全民的道德观念，对于社会的安定就更是一种巨大隐患。因此对于诬告良善的行径，世人应该有最坚决的排斥态度，这样才是保全社会保全自身的明智选择。

【雍正家训故事·削籍贬斥】

与其追悔于事后，孰若严训于平时

雍正皇帝所选定的继承人是弘历，也即是后来的乾隆皇帝，但乾隆却并非是雍正的长子。雍正当时最年长的皇子名叫弘时，按理来说该由他继承皇位，但严于教子的雍正却因其品行有亏而不予册立。

弘时为人不重细节、直率任情，对于一位皇子来说，这样的性格显然不是好事。尤其是在雍正册立四子弘历为太子后，最为年长的弘时就更加不满。出于忌妒与怨恨的情绪，雍正与弘时这对父子的关系也急剧恶化。雍正一开始对弘时还抱有期望，选定了诸多德高望重、学识渊博的老师来教导他，但最终无济于事，弘时甚至还倒向了与雍正对立的皇室派系。为了惩罚其失德，同时也为了政局的稳定，当断则断的雍正便立马下令削除了弘时的宗籍。